FRANK HECKER

Basic

Tier—spuren

92 SPUREN einfach und sicher erkennen

KOSMOS

Schnell zur richtigen Art mit dem **KOSMOS-FARBCODE**

MIT DEM KOSMOS-FARBCODE findest du dich ganz leicht in diesem Naturführer zurecht. Prüfe zunächst, um was für einen Spurentyp es sich bei deinem Fund handelt. Tiere hinterlassen nämlich nicht nur Fußabdrücke, sondern auch Baue oder Nester, unterschiedliche Fraßspuren oder auch Ausscheidungen wie Kot oder Gewölle.

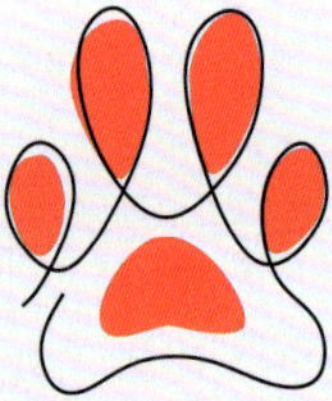

SEITE 6 BIS 35

Trittsiegel und Fährten

Insbesondere im Schnee oder auf feuchten, mehr oder weniger vegetationslosen Flächen hinterlassen Tiere recht gut erkennbare Fußspuren.
→ Hier findest du Trittsiegel und Fährten verschiedener Säugetiere und Vögel.

SEITE 36 BIS 65

Baue und Nester

Jede Tierart hat ihr Territorium, in dem zumindest zeitweise eine Behausung ein zentraler Bestandteil ist.
→ Hier findest du unterschiedliche Arten von Unterschlupfen, in denen Tiere Schutz vor Feinden und Witterung, Platz zur Jungenaufzucht, zum Schlaf, als Tagesversteck oder zur Überwinterung finden.

KURZINFO
Der Farbbalken hilft bei der Navigation durch das Buch

SEITE 66 BIS 89

Fraßspuren

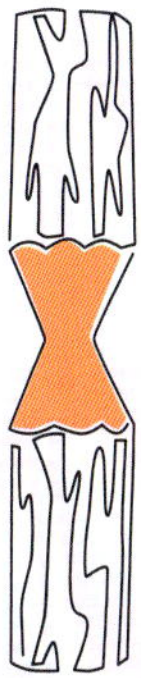

Fast alle Tiere hinterlassen bei der Nahrungsaufnahme irgendwelche Fraßspuren, anhand derer nicht nur eine Artbestimmung, sondern darüber hinaus Rückschlüsse auf die Lebensweise des betreffenden Tieres möglich sind.
⟶ Hier findest du die von Säugetieren und Vögeln verursachten Fraßspuren an Bäumen und Sträuchern, an Früchten und Zapfen, am Boden oder an Beutetieren.

SEITE 90 BIS 121

Losung und Gewölle

Tiere müssen unverdauliche Nahrungsbestandteile wieder ausscheiden. Wir finden ihre Hinterlassenschaften entweder in Form von Kot (Losung) oder eines ausgewürgten Speiballens (Gewölle). Hast du erst einmal den anfänglichen Ekel gegenüber diesem eher unappetitlich erscheinenden Spurentyp überwunden, liefern sie dir spannende Informationen.
⟶ Die Ausscheidungen geben nicht nur Auskunft über die verursachende Tierart, sondern auch über deren Nahrung und Reviergrenzen.

Basiswissen
TIERSPUREN

WAS IST EIGENTLICH EINE TIERSPUR? Es gibt kein Tier, das nicht irgendwelche Zeichen seiner Anwesenheit hinterlässt. Die klassische Spur ist dabei der Fußabdruck, den ein Tier bei Bewegung auf weichem Grund hinterlässt. Eine Tierspur kann aber weit mehr sein: Ein abgewetzter Baumstamm, eine Suhle am Waldboden, ein Erdloch oder ein Erdhaufen auf der Wiese, ein abgenagter Tannenzapfen, ein abgebissener Zweig, ein aus Halmen geflochtenes Nest im Busch, eine Eierschale, Federn, Kot oder Gewölle und vieles mehr.

SCHAU GENAU

Tierspuren erzählen Geschichten

Besonders faszinierend ist es, wenn Tierspuren eine ganze Geschichte erzählen können: Einmal habe ich die Trittsiegel von Wildschweinen in einem kleinen Wäldchen gefunden. Die unterschiedliche Größe der Spuren hat mir schon mal verraten, dass es mehrere Tiere unterschiedlichen Alters gewesen sind. Ich bin diesen Spuren gefolgt und habe eine typische Suhle gefunden. In deren Nähe befand sich ein sogenannter Malbaum: Hier haben sich die Schweine nach

dem Schlammbad geschubbert. Auf dem Weg aus dem Wäldchen habe ich noch vereinzelt Losung gefunden. Und die angrenzende Wiese war an mehreren Stellen »aufgebrochen«, das heißt, hier haben die Wildschweine mit ihren kräftigen Schnauzen den Boden nach Fressbaren durchwühlt.
→ All diese Spuren verraten mir den Tagesablauf einer Wildschweinrotte, ohne dass ich ein einziges Tier zu Gesicht bekommen habe.

DIE BESTE JAHRESZEIT

Spuren im Schnee

Tierspuren lassen sich zu jeder Jahreszeit finden, besonders gut geeignet sind aber die Wintermonate, in denen so mancher Naturliebhaber draußen eigentlich keine spannenden Erlebnisse erwartet.
→ Schnee ist jedoch der ideale Untergrund für den Abdruck von Fußspuren. Weil es kaum Blätter oder Gras gibt, weichen Pflanzenfresser auf Zweige und Rinde aus, an denen oftmals deutliche Spuren verbleiben. Und in den kahlen Bäumen und Büschen lassen sich die im Sommer verborgenen Nester von Vögeln, Zwergmäusen und Eichhörnchen entdecken.

TRITTSIEGEL UND FÄHRTEN schneller bestimmen

IN DIESEM KAPITEL geht es um Fußabdrücke, die Tiere auf weichem Grund hinterlassen. Dabei versteht man unter einem **Trittsiegel** einen einzelnen Fußabdruck, unter einer **Spurgruppe** die Anordnung beider (Vögel) oder der 4 (Säugetiere) Fußabdrücke zueinander und unter der **Fährte** die Anordnung der Spurgruppen zueinander.

Die Fährte eines Feldhasen im Schnee.

SPUREN LESEN

Der richtige Untergrund

Die deutlichsten Abdrücke entstehen in feinem, wenige Zentimeter hohem Schnee, in austrocknenden, noch feuchten Pfützen, entlang schlammiger Gewässerufer oder auf unbestellten Äckern. Trittsiegel im Tiefschnee sind oft schwierig zu deuten, da sie zu tiefen Löchern werden, während in nassem oder tauendem Schnee ein vergrößerter Abdruck verbleibt. Auf härterem Boden wiederum drücken die Füße oftmals nicht vollständig ab. Wenn man aber mehrere Abdrücke einer Fährte in einer Art Gedankenpuzzle zusammensetzt, erhält man ein Bild, das dem »idealen« Trittsiegel nahekommt.

→ In jedem Fall ist es bei der Bestimmung einer Fußspur wichtig, nicht nur die einzelnen Trittsiegel zugrunde zu legen, sondern auch die Anordnung und die Abstände der einzelnen Abdrücke zueinander. Mitunter ist die Spurgruppe so eindeutig, dass eine detaillierte Untersuchung des einzelnen Trittsiegels unnötig wird – z. B. bei springenden Eichhörnchen, hoppelnden Feldhasen oder schnürenden Füchsen.

AB SEITE 8

Paarhufer

Diese Tiere haben eine Art Hornschuh, der sich aus 2 Schalen pro Fuß zusammensetzt. Sie sind im Trittsiegel meist gleich groß und zeigen nach vorne.

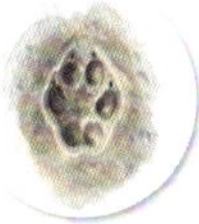

AB SEITE 12

Tiere mit Pfoten

Neben der Größe des Trittsiegels sind die Anzahl der Zehen, die Abdrücke der Krallen sowie die Anordnung und Form der Ballen wichtige Bestimmungsmerkmale.

AB SEITE 32

Vögel

Bei diesen Trittsiegeln zeigen die 3 mittleren Zehen nach vorne und der »Daumen« nach hinten, während der »kleine Zeh« reduziert ist.
→ Bei Wasservögeln sind zwischen den Zehen Schwimmhäute aufgespannt, die im Fußabdruck meist deutlich zu erkennen sind.

Männchen (Böcke) mit kurzem Geweih, Weibchen (Ricken) geweihlos →

Reh

Capreolus capreolus

Trittsiegel Je nach Alter und Geschlecht 3–6 cm lang und 3–5 cm breit. Mit höherer Geschwindigkeit flüchtende Rehe hinterlassen Trittsiegel, bei denen die Schalenabdrücke am vorderen Ende deutlicher auseinanderspreizen.
Fährte Beim Gang und beim Trab, den üblichen Gangarten der Rehe, wird der Hinterfuß in etwa in den Abdruck des Vorderfußes gesetzt. Die Schrittlänge beträgt je nach Größe des Tieres ca. 50–70 cm. Im Galopp übereilen Rehe und setzen die Hinterfüße seitlich versetzt vor die Abdrücke der Vorderfüße. Flüchtende Tiere gehen häufig auch in den Sprung über und erreichen dabei eine Sprungweite von 2–4 m.
Vorkommen Rehe bevorzugen deckungsreiche Landschaften wie lichte Wälder, Moor- und Heidegebiete; zur Nahrungssuche häufig auf Feldern und Wiesen, im Gebirge steigen sie bis zur Baumgrenze auf.

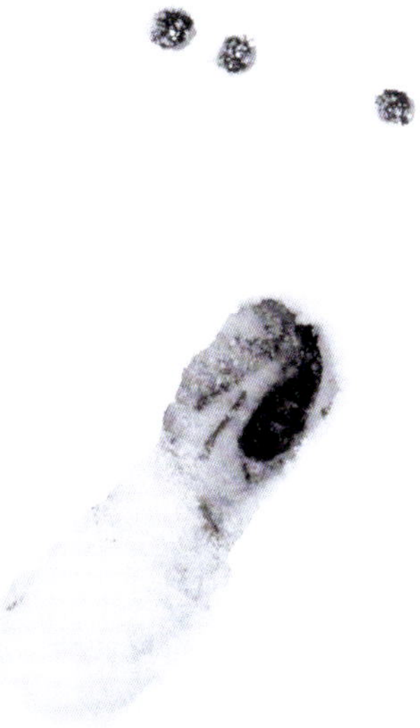

↑ Im tieferen Schnee verlieren die Spuren ihre Konturen

Verwechslung Rothirsch s. S. 10, deutlich größer; Damhirsch. **Weitere Spuren** vom Reh S. 39, 68 und 92.

Rehe sind Paarhufer. Ihre Hufe sind Hornschuhe und setzen sich aus 2 sogenannten Schalen zusammen. Der einzelne Fußabdruck, das Trittsiegel, besteht im Wesentlichen aus den Abdrücken dieser beiden schmalen, spitz zulaufenden Schalen.

→ **TYPISCH** **Nachdem sie bei uns Ende des 18. Jahrhunderts schon fast ausgerottet waren, gibt es gegenwärtig in Deutschland mehr Rehe als je zuvor. Grund dafür ist die Anpassungsfähigkeit der Tiere: So leben heute viele Rehe kaum noch in Wäldern, sondern v. a. auf Feldern. Selbst in größeren Parks sind sie zuhause und zählen damit zu den sogenannten Kulturfolgern.**

Männliche Tiere werden Hirsche genannt →

Rothirsch

Cervus elaphus

Trittsiegel 7–10 cm lang, 5–7 cm breit. Die Hufen bestehen aus 2 Schalen – das Trittsiegel setzt sich daher aus den Abdrücken der beiden nach vorne abgerundeten Schalen zusammen.
Fährte Beim Gang und beim Trab wird der Hinterfuß in etwa in den Abdruck des Vorderfußes gesetzt. Schrittlänge ca. 50–70 cm.
Vorkommen In Wäldern, Heiden und Mooren, im Gebirge bis über die Baumgrenze.
Verwechslung Reh s. S. 8, dieses aber kleiner; Damhirsch.
Weitere Spuren vom Rothirsch s. S. 70 und 94.

TYPISCH Beim Galopp und Sprung übereilen Rothirsche und setzen den Hinterfuß vor den Abdruck des Vorderfußes.

Stammform unserer Hausschweine →

Wildschwein

Sus scrofa

Trittsiegel 4–7 cm lang, 4–7 cm breit. Trapezförmig durch Abdrücke der Afterklauen.
Fährte Bei Gang und Trab werden die Hinterfüße in die Vorderfußabdrücke gesetzt. Schrittlänge 30–50 cm.
Vorkommen Wälder, Wiesen und Felder, auch in Siedlungsnähe.
Verwechslung Andere Paarhufer.
Weitere Spuren vom Wildschwein s. S. 74 und 97.

→ TYPISCH Paarhufer wie Rehe, Hirsche und Schweine haben pro Fuß 2 Schalen, die im Trittsiegel meist gleich groß sind. Außerdem besitzen sie an der Rückseite des Fußes 2 kleinere Afterklauen, die aber so hoch am Bein sitzen, dass sie den Boden meist nicht berühren und folglich nicht im Trittsiegel sichtbar sind. Eine Ausnahme bildet das Trittsiegel vom Wildschwein, bei dem die Afterklauen tiefer sitzen.

Wölfe ähneln großen Schäferhunden, sind allerdings hochbeiniger →

Wolf

Canis lupus

Trittsiegel 8–12 cm lang, 6–10 cm breit. Es sind pro Pfote ein großer Hauptballen und 4 deutlich entwickelte Zehenballen vorhanden, außerdem drücken die Krallen, die nicht eingezogen werden können, deutlich ab.
Fährte Weite Strecken werden im Trab zurückgelegt, die Schrittlänge beträgt dann etwa 1 m. Im Galopp beträgt der Abstand zwischen den Spurgruppen meist über 1,5 m.
Vorkommen Wälder, Grasländer, Moorgebiete, ehemalige Truppenübungsplätze und Gebirgsregionen.
Verwechslung Große Hunde.
Weitere Spuren vom Wolf s. S. 100

Wölfe sind die Vorfahren unserer Hunde und entsprechend ist das Trittsiegel eines Wolfs sehr leicht mit dem eines größeren Hunds zu verwechseln und – wenn überhaupt – nur

Von beeindruckender Größe: der Pfotenabdruck eines Wolfs

Sehr ähnlich: die Trittsiegel eines größeren Hunds

von sehr guten Spurenlesern verlässlich zu unterscheiden. Einen Anhaltspunkt zur Frage, ob hier ein Wolf oder ein größerer Hund unterwegs war, kann manchmal die Spurenabfolge sein: Ein Vor- und Zurück- sowie Hin- und Herlaufen deutet eher auf einen Hund hin, wohingegen ein Wolf meist klar in eine Richtung schnürt.

TYPISCH Verhasst, gnadenlos verfolgt und gejagt war der Wolf in weiten Teilen Europas und speziell in Deutschland ausgerottet worden. Aber es gibt sie wieder: frei lebende Wölfe in Deutschland. Ausgehend von den Grenzregionen zu Polen, Tschechien und den Alpen kehrten die Wölfe wieder in ihre einstigen Lebensräume in Deutschland zurück und bilden mittlerweile sich fortpflanzende Rudel. Willkommen Wolf!

Typisch: langer, buschig behaarter Schwanz, weiße Schwanzspitze →

Rotfuchs

Vulpes vulpes

Trittsiegel 5–7 cm lang, 4–5 cm breit, im Umriss oval. Pro Pfote ein großer Hauptballen und 4 deutlich entwickelte Zehenballen, außerdem drücken die Krallen scharf ab.
Fährte Häufigste Gangart ist der Trab, bei dem die Hinterfüße genau in die Abdrücke der Vorderfüße gesetzt werden und die linken und rechten Pfoten auf einer Linie liegen – die Abdrücke sind wie auf eine Schnur gezogen, man spricht vom »Schnüren«, die Schrittlänge beträgt 70–80 cm.
Vorkommen In fast allen Lebensräumen von der Küste bis zum Gebirge, in Kulturlandschaften und sogar in Großstädten.
Verwechslung Hund, Marderhund (s. S. 16).
Weitere Spuren vom Fuchs s. S. 40 und 101.

Der Fuchs ist (wie der Wolf) mit den Hunden verwandt, alle gehören zur Familie der Hunde (Canidae). Entsprechend

↑ Wie auf einer Schnur aufgereiht: die Pfotenabdrücke beim Schnüren

ähnlich ist das Trittsiegel eines Hundes von entsprechender Größe. Ein Trick zur Unterscheidung: Die beiden mittleren Zehenballen liegen beim Fuchs weiter vorne, sodass sie vor einer gedachten Linie zwischen den vorderen Enden der seitlichen Zehenballen stehen, während sie beim Hund von dieser Linie geschnitten werden.

→ TYPISCH Füchse verfügen über hervorragende Sinnesorgane: Sie können auch während der Dämmerung sehr gut sehen. Mit ihren Tasthaaren an der Schnauze spüren sie selbst kleinste Bewegungen im Gras. Sie sind in der Lage, Mäuse durch eine 30 cm dicke Schneedecke oder auch auf dem Boden kriechende Regenwürmer zu hören. Und wie bei allen Hundeartigen ist der Geruchssinn ganz besonders gut ausgebildet.

Typisch: gedrungene Gestalt, ähneln mit der schwarzen Maske einem Waschbären →

Marderhund

Nyctereutes procyonoides

Trittsiegel 5–7 cm lang, 4–7 cm breit. Pro Pfote ein Hauptballen und 4 Zehenballen, diese im Unterschied zum Fuchs oft fächerartig gespreizt.
Fährte Obwohl etwa fuchsgroß, ist die Schrittlänge mit meist 40–50 cm kürzer als beim Fuchs. Das liegt an den kürzeren Beinen des Marderhunds.
Vorkommen Wälder, ausgedehnte Schilfzonen, Feuchtgebiete.
Verwechslung Hund, Fuchs (s. S. 14)

→ TYPISCH Die ursprüngliche Heimat der Marderhunde ist Ostasien. Im 20. Jahrhundert wurden sie wegen ihres wertvollen Pelzes in der Ukraine angesiedelt und breiteten sich von dort rasch über weite Teile Europas aus.

Kontrastreiche Gesichtsmaske, schwarz-weiß gebänderter, buschiger Schwanz →

Waschbär

Procyon lotor

Trittsiegel 5–9 cm lang, 4–7 cm breit. An Vorder- und Hinterfuß jeweils 5 lange Zehen mit kräftigen Krallen. Hinterfüße deutlich länger als Vorderfüße. Im Trittsiegel sind die Zehen meist weit gespreizt.
Fährte Meist stehen die Abdrücke eines Vorder- und eines Hinterfußes paarweise nebeneinander. Die Schrittlänge beträgt etwa 40 cm.
Vorkommen Wälder mit Baumhöhlen, in der Nähe von Gewässern, auch im Siedlungsbereich und in Großstädten.
Verwechslung Auch bei Mardern (s. S. 24) drücken 5 Zehen im Trittsiegel ab.
Weitere Spuren vom Waschbär s. S. 102.

→ **TYPISCH** **Die Heimat der Waschbären ist Nordamerika. Seit Mitte des letzten Jahrhunderts verbreiten sie sich bei uns, nachdem Tiere ausgesetzt wurden oder aus Pelztierfarmen entkamen.**

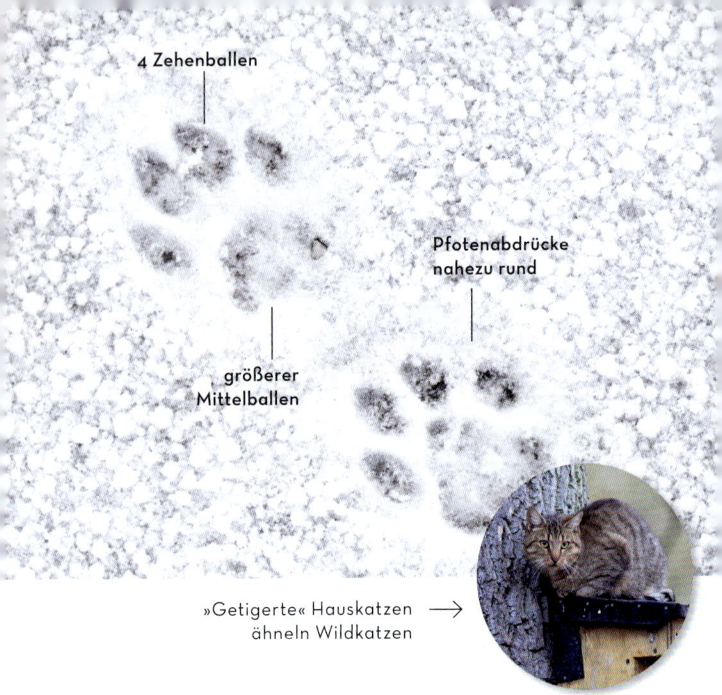

»Getigerte« Hauskatzen ähneln Wildkatzen

Hauskatze · Wildkatze

Felis silvestris

Trittsiegel 3–4 cm lang, 3–4 cm breit, nahezu rund. Hinter den 4 halbkreisförmig angeordneten Zehenballen drückt sich der dreilappige Mittelballen ab. Die Krallen hinterlassen keinen Abdruck, da sie beim Laufen eingezogen werden.

Fährte Im Gang setzen Katzen ihren Hinterfuß meist leicht nach vorne versetzt auf den Abdruck des Vorderfußes, Schrittlänge ca. 30 cm. Im Trab liegen die Abdrücke der Vorder- und Hinterpfoten bei einer Schrittlänge von 35–40 cm wie auf eine Schnur gezogen auf einer Linie (»Schnüren«). Rennende Katzen übereilen, es entstehen trapezförmige Trittbilder.

Vorkommen Wildkatzen bewohnen naturnahe Wälder sowie deckungsreiche Gebüsch- und Felslandschaften. Verwilderte Hauskatzen sind in allen Lebensräumen zu finden.

↑ Fährte einer Hauskatze im Schnee

↑ Wildkatze: buschiger Schwanz, am Ende immer schwarz und stumpf

---

Verwechslung Die Trabspur von Katzen ähnelt der geschnürten Spur von Füchsen (s. S. 14), allerdings sind die Trittsiegel von Katzen kleiner und die Schrittlänge ist geringer. Das Trittsiegel vom Luchs ist ca. dreimal so groß.
Die Spuren großer Hauskatzen sind nicht sicher von denen von Wildkatzen zu unterscheiden. Vor allem im Siedlungsbereich wird man es meist »nur« mit Hauskatzen zu tun haben.

→ **TYPISCH** **Wildkatzen sehen aus wie besonders kräftige Hauskatzen mit gräulichem Fell, das dunkler getigert ist. Auf der Rückenmitte verläuft meist ein schmaler schwarzer Aalstrich. Der dicke, buschig behaarte Schwanz ist schwarz geringelt, am Ende immer schwarz und endet stumpf. Wild- und Hauskatzen können sich untereinander kreuzen, die daraus entstammenden Jungtiere werden als »Blendlinge« bezeichnet.**

Markantes, schwarz und weiß gestreiftes Gesicht →

Dachs

Meles meles

Trittsiegel 5–10 cm lang, 4–6 cm breit. Da die Pfotenunterseite unbehaart ist, zeichnen sich die Ballen im Abdruck deutlich ab: Dem dreigelappten Mittelballen sind bogenförmig die 5 Zehenballen vorgelagert, der Fersenballen wird meist nur bei den Hinterpfoten aufgesetzt.
Fährte Die typische Fortbewegungsweise von Dachsen ist ein ruhiger Gang, bei dem die Hinterpfoten ins hintere Ende des Vorderpfotenabdrucks gesetzt werden. Schrittlänge 25–40 cm. Im Trab, Galopp und Sprung übereilen Dachse, es entstehen Gruppen von 4 Pfotenabdrücken, Schrittlänge dann 70–90 cm.
Vorkommen Wälder und deckungsreiche Feldgehölze, möglichst in leicht hügeligem Gelände mit relativ lockerem Boden.
Verwechslung Klare Abdrücke der Pfoten sind unverwechselbar.
Weitere Spuren vom Dachs s. S. 42 und 103.

↑ Dachs-Fährte

↑ Mit ihren langen Krallen wühlen Dachse im Boden

Dachse haben v. a. an den Vorderpfoten lange und kräftige Krallen, die sie zum Graben einsetzen. Die Abdrücke dieser Krallen stehen im Trittsiegel vor den Zehenballen, zeichnen sich fast immer deutlich im Trittsiegel ab und sind ein wichtiges Erkennungsmerkmal – man sagt auch, die Spur sei »genagelt«.

→ **TYPISCH Dachse sind dämmerungs- und nachtaktiv, tagsüber schlafen sie in ihren geräumigen, unterirdischen Bauen. Auf ihren nächtlichen Streifzügen sind sie meist als Einzelgänger unterwegs. Dachse wühlen mit ihren scharfen Krallen und ihrer rüsselartig verlängerten Schnauze im Erdboden und suchen dort nach Fressbarem.**

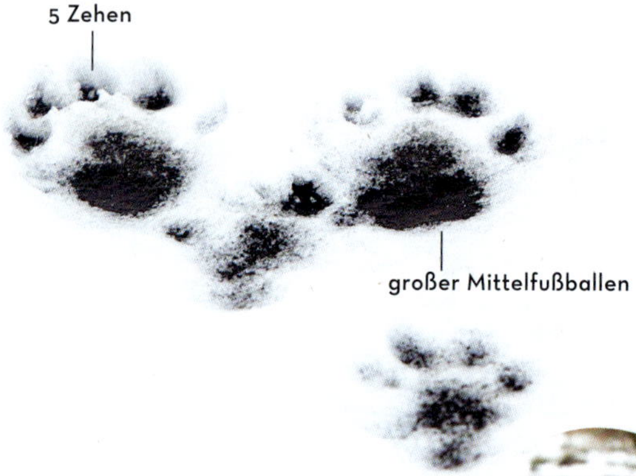

Fischotter sind auch im Winter aktiv →

Fischotter

Lutra lutra

Trittsiegel 5–10 cm lang, 5–8 cm breit. Auf weichem Boden und im Schnee sind zwischen den 5 Zehen mit etwas Glück die Abdrücke der Schwimmhäute zu sehen. Oftmals hinterlässt aber die äußerste Zehe gar keinen sichtbaren Abdruck. Die Abdrücke der kurzen Krallen sind nur sehr klein.
Fährte Häufigste Gangart von Fischottern sind unterschiedliche Sprung- und Galopparten. Charakteristisch ist das Spurbild, das entsteht, wenn alle 4 Pfoten schräg versetzt auf einer diagonalen Linie aufgesetzt werden (s. S. 23, linkes Bild) Die Sprungweite beträgt dabei ca. 40–50 cm.
Vorkommen An naturnahen Flüssen und Bächen, Seen und Sümpfen mit reichhaltigem Fischangebot.
Verwechslung Wenn nur 4 Zehen im Abdruck zu sehen sind, Verwechslung mit Fuchs oder Marderhund möglich.
Weitere Spuren vom Fischotter s. S. 105.

↑ Typische Fischotter-Fährte

↑ »Rutschbahn« eines Fischotters ins Wasser

Bei höheren Schneelagen, auf schneebedeckten Abhängen oder schlammigen Uferböschungen hinterlassen Fischotter regelrechte Rutschbahnen, da ihre kurzen Beine den Bauch nicht hoch genug anheben können und zudem auch der kräftige Schwanz auf dem Untergrund schleift.

→ **TYPISCH Fischotter sind überwiegend dämmerungs- und nachtaktive Einzelgänger, in den Wintermonaten sind sie häufiger auch mal am Tag unterwegs. Fischotter bewohnen unterirdische Baue, die sie entweder selbstständig in die Uferböschung graben, oder sie nutzen alte Kaninchen-, Fuchs- und Dachsbaue in Ufernähe. Meist gibt es Ein- und Ausgänge, die unterhalb des Wasserspiegels liegen.**

Baummarder mit gelblicher Kehle →

Marder

Mustelidae

Trittsiegel Bei Stein- und Baummarder etwa 4–6 cm lang, 3–5 cm breit. Abdruck des Hauptballens drei- oder vierfach gelappt, ihm sind halbkreisförmig 5 Zehenballen vorgelagert. Allerdings hinterlässt die Innenzehe häufig keinen Abdruck.
Fährte Häufigste Fortbewegungsweise von Mardern ist der Sprung: Beim »Zweisprung« werden die Hinterfüße in die Abdrücke der Vorderfüße gesetzt, es entstehen Sprunggruppen mit je 2 leicht versetzt nebeneinander liegenden Abdrücken (s. S. 25, linkes Bild). 4 Abdrücke pro Spurgruppe entstehen, wenn ein Marder geht oder trabt und alle 4 Pfoten einen eigenen Abdruck hinterlassen (s. S. 25, rechtes Bild).
Vorkommen Je nach Marderart in allen Lebensräumen, auch in Städten.
Verwechslung Die Trittsiegel der verschiedenen Marderarten sind nur bei sehr deutlichem Abdruck und auch dann nur von Spurenkennern sicher zu unterscheiden.

↑ Typisches Spurenbild beim Zweisprung

↑ Marderspur bei ruhigem Gang

Weitere Spuren von Mardern s. S. 84, 86 und 104.

Außer Stein- und Baummarder leben bei uns noch weitere Marder: Iltis, Mink, Hermelin und Mauswiesel. Ihre Trittsiegel ähneln einander sehr und unterscheiden sich hauptsächlich in der Größe. So sind die Pfotenabdrücke unseres kleinsten Marders, dem Mauswiesel, nur etwa 1,5 cm lang.

→ TYPISCH Marder sind überwiegend dämmerungs- und nachtaktiv, jagen aber mitunter auch tagsüber. Außerhalb der Paarungszeit und der Zeit der Jungenaufzucht leben sie als Einzelgänger in einem festen Revier, das sie gegen Artgenossen abgrenzen und verteidigen. Steinmarder bewohnen auch Dachböden, wo sie nachts herumpoltern. Gefürchtet sind sie als »Automarder«, die Bremsschläuche und Kabel im Motorraum parkender Autos zerbeißen.

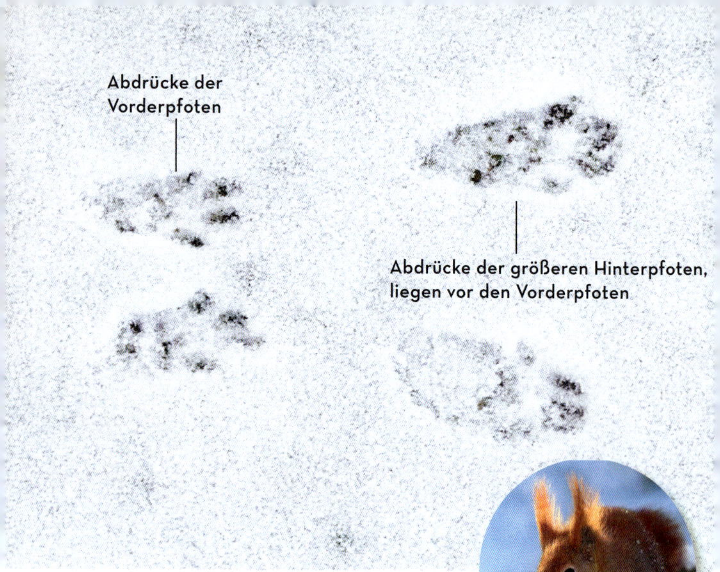

Oft rötlich braun gefärbt →

Eichhörnchen

Sciurus vulgaris

Trittsiegel Vorderpfoten 3–4 cm lang, 2 cm breit, Hinterpfoten 4–6 cm lang, 2,5–3,5 cm breit. Pfotenabdrücke mit langen Zehen. Vorderfuß mit 4 Zehen, Hinterfuß mit 5, wobei hier die 3 mittleren etwa gleich lang sind und eng aneinander stehen, während die beiden äußeren kürzer und abgespreizt sind.

Fährte Am Boden bewegen sich Eichhörnchen hoppelnd fort, es entstehen typische Sprunggruppen, in denen die 4 Pfoten voneinander getrennt trapezförmig abgedrückt werden: Die Abdrücke der größeren Hinterpfoten liegen nebeneinander vor den ebenfalls nebeneinander liegenden, enger zusammengerückten Vorderpfoten. Der Abstand der Spurgruppen beträgt 30–90 cm.

Vorkommen Wälder, Feldgehölze und Parkanlagen, Friedhöfe und Gärten mit reichem Baumbestand.

↑ Typisch: trapezförmige Sprunggruppen

↑ Im Winter mit langen Haarbüscheln auf den Ohren

Verwechslung Langsam hoppelnde Kaninchen hinterlassen mitunter ähnliche Spurgruppen. Durch die Abdrücke der langen Finger ist die Eichhörnchenspur aber eindeutig zu erkennen.
Weitere Spuren vom Eichhörnchen s. S. 56 und 76.

Im tiefen Schnee sind die Anzahl der Finger und die Krallen meist nicht zu sehen. Das typische Spurenbild ist dennoch gut zu erkennen. Häufig endet die Fährte an einem Baumstamm, auf den das Eichhörnchen dann hinaufklettert.

→ TYPISCH Eichhörnchen sind tagaktive, ausgezeichnete Kletterer, die Baumstämme rasch hinauf- und sogar kopfabwärts wieder herablaufen. Zudem huschen sie mit weiten Sprüngen von Baumkrone zu Baumkrone.

Immer mit schwarzen Ohrenspitzen: der Feldhase →

Feldhase

Lepus europaeus

Trittsiegel Vorderpfoten 4–5 cm lang, 3 cm breit, Hinterpfoten 6–8 cm lang, 4 cm breit. Vorderfuß mit 5 Zehen, der kurze Daumen wird aber in der Spur meist nicht mit abgedrückt. Hinterfuß mit 4 Zehen.
Fährte Hasen bewegen sich hoppelnd vorwärts, es entsteht eine typische Spurgruppe aus 4 getrennten Fußabdrücken: Die Hinterfüße werden direkt nebeneinander vor die Vorderfüße aufgesetzt, die ihrerseits hintereinander stehen.
Vorkommen In offenen Lebensräumen wie Acker- und Wiesenlandschaften, Feldgehölzen und kleinen Wäldchen.
Verwechslung Kaninchen (s. S. 30) hoppeln ebenfalls und hinterlassen eine ähnliche Fährte, bei der aber sowohl die einzelnen Pfotenabdrücke als auch der Abstand der Spurgruppen zueinander deutlich kleiner ist.
Weitere Spuren vom Feldhasen s. S. 38 und 98.

↑ Spur eines gemächlich durch den Schnee hoppelnden Feldhasens

↑ Spur eines Feldhasens, der einen Haken geschlagen hat

Die Abstände der Spurgruppen zueinander sind von der Bewegungsgeschwindigkeit abhängig. Bei gemächlichem Dahinhoppeln reihen sie sich direkt aneinander, bei schnellerem Lauf entsteht ein Abstand von ca. 50 cm, der bei Flucht auf 2–3 m ansteigen kann.

→ TYPISCH Hasen sind typische Fluchttiere: Mit ihren großen Augen können sie nahende Räuber frühzeitig sehen und mit ihren langen Ohren sehr gut hören. Auf der Flucht erreichen sie Spitzengeschwindigkeiten von bis zu 70 km/h, zudem können sie wirkungsvolle Haken schlagen und weit springen.

Die Hinterpfoten werden nebeneinander vor die Vorderpfoten gesetzt

Rundliches Kopfprofil, Ohren ohne schwarze Spitze →

Wild-Kaninchen

Oryctolagus cuniculus

Trittsiegel Vorderpfoten 3 cm lang, 2 cm breit, Hinterpfoten 4 cm lang, 3 cm breit.
Fährte Kaninchen bewegen sich meist hoppelnd vorwärts und greifen dabei mit den Hinterfüßen vor die Vorderfüße – es entsteht eine typische Spurgruppe aus 4 Fußabdrücken: Die Hinterfüße liegen nebeneinander vor den Vorderfüßen. Bei schnellerem Lauf Abstand zwischen den Spurgruppen ca. 30 cm.
Vorkommen Äcker und Wiesen, Heidegebiete, Dünen, Parkanlagen und Gärten.
Verwechslung Feldhase s. S. 28.
Weitere Spuren vom Wild-Kaninchen s. S. 44 und 99.

→ **TYPISCH** **Kaninchen leben gesellig in Familienverbänden, die aus mehreren erwachsenen Tieren und einer Schar von Jungtieren bestehen.**

Schwanz im Gegensatz zum Biber nicht abgeplattet, sondern drehrund →

Nutria

Myocastor coypus

Trittsiegel Vorderpfoten 4–6 cm lang, 5 cm breit, Hinterpfoten 6–12 cm lang, 7 cm breit. Vorne und hinten mit je 5 Zehen. Die kräftigen Krallen sind meist als Abdruck sichtbar. Auf weichem Schlamm sind mitunter Abdrücke der Schwimmhäute zu sehen.
Fährte Der Schwanz hinterlässt meistens eine Schleifspur.
Vorkommen An Gewässern, auch in städtischen Parkanlagen.
Verwechslung Die Spuren vom Bisam sind kleiner, die des Bibers größer.

→ **TYPISCH** **Ursprünglich lebten Nutrias in den Sumpfgebieten Südamerikas. Sie wurden insbesondere als Pelztiere in Europa eingeführt. Entflohene und freigesetzte Tiere konnten sich rasch ausbreiten und einbürgern.**

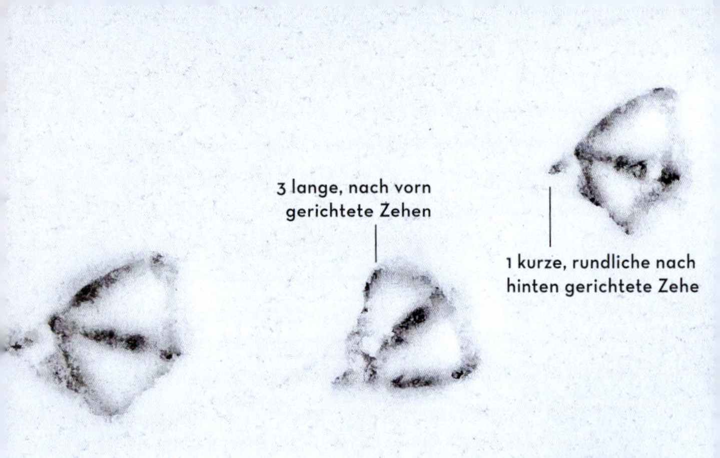

Männchen: flaschen-grüner Kopf →

Stockente

Anas platyrhynchos

Trittsiegel Länge und Breite des Abdrucks 7–8 cm. 3 lange, nach vorne gerichtete Zehen, die bis vorne zu den Krallen durch Schwimmhäute miteinander verbunden sind und eine kurze, rundliche nach hinten gerichtete Zehe.
Fährte Der watschelnde Gang der Enten hinterlässt schräg nach innen gerichtete, hintereinander aufgereihte Fußabdrücke. Die Schrittlänge liegt im Schnitt bei etwa 15 cm.
Vorkommen Stehende und langsam fließende Gewässer, auch an Stadtteichen.
Verwechslung Andere Entenarten.
Weitere Spuren der Stockente s. S. 54.

→ TYPISCH Bei Schwimmenten wie Stock-, Löffel- und Schnatterente ist die mittlere Zehe am längsten. Bei Tauchenten wie Reiher- und Tafelente hingegen sind mittlere und äußere Zehe etwa gleich lang. Gänse und Schwäne hinterlassen viel größere Abdrücke.

Etwa taubengroß mit roter Stirn und gelber Schnabelspitze →

Teichhuhn

Gallinula chloropus

Trittsiegel 9–10 cm lang und 7–8 cm breit. Fußabdruck aus 3 schlanken, nach vorne gerichteten Zehen ohne Schwimmhäute sowie eine nach hinten gerichtete Zehe.
Fährte Die Fußabdrücke liegen in einer geraden Spur oder in Schlangenlinien hintereinander, die Schrittlänge beträgt 13–18 cm.
Vorkommen An stehenden und langsam fließenden Gewässern, auch an Park- und Gartenteichen.
Verwechslung Blässhuhn mit ähnlicher Trittsiegel-Größe, Zehen aber jeweils von breiten, eingekerbten Schwimmlappen gesäumt.

→ TYPISCH Teichhühner brüten oft zweimal im Jahr: Während das Männchen sich um die Küken kümmert, brütet das Weibchen die nächsten Eier aus. An der Fütterung der zweiten Brut beteiligen sich auch die älteren Geschwister.

Knapp storchengroß, grau, mit langen Beinen →

Graureiher

Ardea cinerea

Trittsiegel 14–17 cm lang und 8–10 cm breit. 3 Zehen zeigen nach vorne, während die etwa 5 cm lange Hinterzehe gerade nach hinten zeigt.
Fährte Die Spur verläuft geradlinig, die einzelnen Trittsiegel zeigen dabei entweder gerade nach vorne oder leicht nach innen gedreht. Schrittlänge etwa 50–60 cm.
Vorkommen An Gewässern, auf Feuchtwiesen und Äckern.
Verwechslung Ähnlich große Trittsiegel in Gewässernähe hinterlassen Kraniche und Störche. Bei ihnen ist aber die Hinterzehe stark reduziert und in der Spur nur als kleiner Abdruck zu sehen.
Weitere Spuren vom Graureiher s. S. 119.

→ TYPISCH Trotz seiner Größe kann man ihn leicht übersehen, weil er oft absolut reglos am Ufer steht und nach Fischen späht. Nähert man sich, fliegt er unvermittelt auf, ruft krächzend »kraich«.

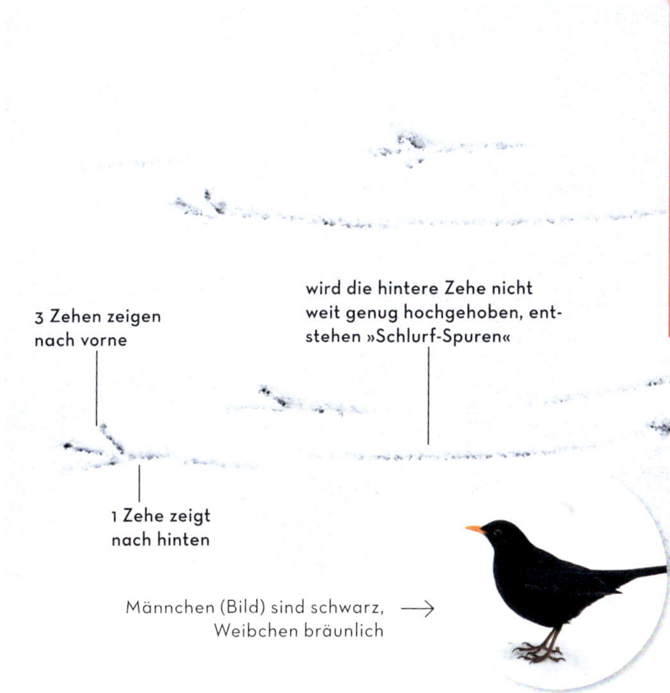

Amsel

Turdus merula

Trittsiegel 5 cm lang und 3 cm breit. Typischer Singvogelfuß: 4 lange, dünne Zehen, von denen 3 nach vorne und eine nach hinten gerichtet sind.
Fährte Amseln wechseln zwischen Laufen und Hüpfen. Dementsprechend liegen die Trittsiegel der beiden Füße entweder hinter- oder nebeneinander. Schrittlänge im Laufen etwa 7 cm, im Hüpfen 10 cm.
Vorkommen In Wäldern, Parks und Gärten.
Verwechslung Andere Singvögel.
Weitere Spuren der Amsel s. S. 62, 82 und 113

→ TYPISCH Die Spuren verschiedener Singvögel gleichen sich im Prinzip alle. Neben der Größe des Trittsiegels liegen Unterschiede in der Fortbewegungsart, die sich in der Fährte widerspiegeln: Viele Arten wie Meisen und Finken bewegen sich eher hüpfend fort, andere wie beispielsweise Bachstelzen laufen nur.

BAUE UND NESTER schneller bestimmen

Tiere bauen, was Größe, Form, Baumaterial und Platzwahl angeht, sehr unterschiedliche Bauten und Nester, sodass der kundige Spurenkenner oft von der vorgefundenen Behausung auf die entsprechende Tierart schließen kann.

Ein Dohlen-Pärchen sammelt Nistmaterial

Im Arbeits- und Zeitaufwand unterscheiden sich die Wohnstätten der in unseren Breiten lebenden Säugetiere und Vögel ganz beträchtlich. Wir finden alles mögliche – von gerade mal von Laub und Ästen befreiten Liegeplätzen auf dem Boden bis hin zu kompliziert verzweigten und sich über mehrere Etagen erstreckenden Wohnbauten.

AB SEITE 38

Liegeplätze

Die Jungen von Rehen, Wildschweinen und Hasen sind bei der Geburt schon voll entwickelt und bereits wenige Stunden danach in der Lage, sich selbstständig fortzubewegen. Sie brauchen keine schützende Kinderstube, und die Wohnstätten sind einfache Lager oder leichte Vertiefungen im Erdboden.

AB SEITE 40

Erdbaue

Viele andere Tierarten bringen hingegen nackte, blinde Junge zur Welt, die die ersten Lebenstage oder -wochen in einem geschützten Unterschlupf verbringen.

⟶ Dachs, Fuchs, Kaninchen, Maulwurf, verschiedene Mäuse- und Vogelarten graben mitunter weit verzweigte und über einen langen Zeitraum genutzte Erdbaue.

AB SEITE 53

Burgen und Nester

Sie bestehen aus Ästen, Zweigen und anderen Materialien. Biber bauen aus Ästen, Zweigen, Steinen und lehmigem Boden riesige Burgen.

⟶ Eichhörnchen, Haselmaus und Zwergmaus sowie viele Vogelarten flechten aus Zweigen, Gräsern, Laub und anderen Materialien Nester in Büschen und Bäumen.

AB SEITE 64

Baumhöhlen

Eine Reihe von Vogelarten brütet in Baumhöhlen. Viele Arten wie beispielsweise Meisen, Kleiber, Hohltauben, Waldkäuze, Stare und Trauerschnäpper nutzen vorhandene Höhlungen, Spechte hingegen sind in der Lage, ihre Behausungen selbst in Baumstämme zu meißeln.

Ein Feldhase drückt sich in seine Sasse

Feldhase

Lepus europaeus

Unterschlupf Feldhasen verbringen ihre Ruhephasen in sogenannten Sassen: Dabei handelt es sich um eine leichte, nur 10–12 cm tiefe Mulde im Boden oder Schnee, die gerade so groß wie der Hasenkörper ist. Oft ist der Boden sauber gescharrt und die blanke Erde sichtbar.
Vorkommen In Acker- und Wiesenlandschaften, Feldgehölzen und kleinen Wäldchen.
Verwechslung Auch Rehe scharren den Boden frei (s. S. 39).
Weitere Spuren vom Feldhasen s. S. 28 und 98.

→ TYPISCH Die Sasse liegt meist windgeschützt in einer Ackerfurche, hinter einem Grasbult oder einem Baumstamm. Die Sasse dient den Hasen auch als Versteck, in die sie sich bei nahender Gefahr ducken und erst im letzten Augenblick herausspringen.

Weibliches Reh (Ricke) →

Reh

Capreolus capreolus

Unterschlupf Rehe scharren Blätter und Zweige oder Schnee zur Seite, um direkt auf dem Erdboden zu ruhen. Trittsiegel im Umfeld verraten, dass hier ein Reh am Werk war.
Vorkommen In Wäldern und Heckenlandschaften, auf Wiesen und Äckern.
Verwechslung Eine Hasen-Sasse (s. S. 38) ist deutlich kleiner.
Weitere Spuren vom Reh s. S. 8, 68 und 92.

→ TYPISCH Die Jungtiere werden meist zwischen Mai und Juni geboren. Vor der Geburt sondern sich die trächtigen Weibchen ab und gebären ihre Jungen in einem deckungsreichen Versteck. Dort verbleiben die Kitze gut getarnt in den ersten Lebenswochen und werden regelmäßig von der Mutter aufgesucht, gesäugt und geleckt.

Ein- und Ausgänge liegen oft an kleinen Böschungen

Rotfuchs, am Eingang zu seinem Erdbau →

Rotfuchs

Vulpes vulpes

Unterschlupf Rotfüchse graben einen unterirdischen Erdbau, der aus einem verzweigtem Gangsystem mit mehreren Ausgängen und einem Wohnkessel besteht, mitunter aber auch eine einfache Aushöhlung in der Böschung oder unter Baumwurzeln sein kann. Vor dem Ausgang bildet sich aus dem ausgegrabenen Boden ein relativ regelmäßiger, fächerförmiger Wall. Der Durchmesser der Eingangsröhre beträgt anfangs 20–25 cm, im Lauf der Jahre wird er größer.

Vorkommen In Wäldern, deckungsreichen Feldgehölzen und breiten Hecken, nach Möglichkeit in leicht hügeligem Gelände mit relativ lockerem Boden.

Verwechslung Dachsbaue (s. S. 42) finden sich im gleichen Lebensraum und ähneln Fuchsbauen. Allerdings weisen sie meist eine deutliche »Rutschrinne« in den Eingängen auf.

↑ Ein derart bemooster Boden zeigt: der Eingang wird nicht mehr genutzt

↑ Junge Füchse spielen vor ihrem Bau

Weitere Spuren vom Rotfuchs s. S. 14 und 101.

Bewohnte Fuchsbaue fallen durch einen intensiven Raubtiergeruch auf, in unmittelbarer Nähe finden sich oft Beutereste. Füchse nutzen mitunter auch verlassene Dachsbaue, gelegentlich bewohnen sie sogar einen größeren Bau gemeinsam.

→ TYPISCH Die Jungen werden nach einer Tragzeit von etwa 7–8 Wochen im Fuchsbau geboren. Während der Jungenaufzucht wird das Weibchen vom Männchen mit Futter versorgt. Bei ihrer Geburt sind die Welpen noch blind und wiegen 100–150 g. Die Jungtiere wachsen schnell heran und sind sehr neugierig und verspielt. Im Alter von etwa 3–4 Monaten sind die Jungen selbstständig.

Ein Dachs gräbt an seinem Bau

Dachs

Meles meles

Unterschlupf Dachse legen einen umfangreichen, bis zu 5 m tiefen unterirdischen Bau an. Die Ein- und Ausgänge haben einen Durchmesser von etwa 30 cm, davor finden sich große Haufen des Erdaushubs. Von Fuchsbauten sind sie leicht zu unterscheiden, denn beim Dachs führt stets eine »Rutschrinne« in den Bau hinab.
Vorkommen Bevorzugt in Laub- und Mischwäldern, staunasse Böden meidet der Dachs.
Verwechslung Fuchsbaue (s. S. 40) haben keine »Rutschrinne« vor dem Eingangsbereich.
Weitere Spuren vom Dachs s. S. 20 und 103.

Dachsburgen werden über mehrere Generationen hinweg von Familienverbänden bewohnt. Die Wohnkessel sind durch ein weit verzweigtes Gangsystem in mehreren

↑ Eingang zum Dachsbau: so groß, dass ein Kind hindurchpassen würde

↑ Ein Dachs verlässt seinen Bau

Etagen miteinander verbunden. Die Wohnkessel werden mit trockenem Gras, Laub und Moos ausgepolstert, im Eingangsbereich findet sich mitunter entsprechendes verloren gegangenes Material.

→ **TYPISCH** **Dachse fressen sich im nahrungsreichen Herbst eine Fettschicht an, von der sie in den Wintermonaten zehren können. Bei länger anhaltenden Kälteperioden halten sie geschützt in ihren gut isolierten Bauen eine Winterruhe, deren Dauer und Unterbrechungen von den jeweiligen Witterungsverhältnissen abhängen. Nicht selten haben sie auch noch Füchse als Untermieter in ihren riesigen Burganlagen.**

Wohnanlage der geselligen Kaninchen

Wild-Kaninchen an seinem Bau →

Wild-Kaninchen

Oryctolagus cuniculus

Unterschlupf Wohnanlage mit zahlreichen Ein- und Ausgängen, deren Durchmesser 10–15 cm misst. Außerhalb der Röhren bildet der Aushub Bodenhaufen. Oberirdisch sind ausgetretene Wechsel zwischen den Ein- und Ausgängen zu sehen, außerdem stets charakteristische Losung (s. S. 99).
Vorkommen Dünen, Heideflächen, Waldränder, lichte Wälder und parkähnliche Landschaften mit trockenen, sandigen Böden. Mitunter werden von Menschen aufgeschüttete, sandige Wälle genutzt. Steinige und nasse Böden werden gemieden.
Verwechslung Verlassene Kaninchenbauten können von erdbewohnenden Mardern wie Iltis oder Mink bewohnt und weiter ausgebaut werden, sodass sich auch in diesem Fall frische Grabungen finden. Daher sollte man in Baunähe auf weitere Spuren wie Trittsiegel und Losung achten.

↑ Eingang im Größenvergleich zu einem Kind

↑ Junges Wild-Kaninchen

Weitere Spuren vom Wild-Kaninchen s. S. 30 und 99.

Kaninchen sind gesellige Tiere, deren unterirdische Bauanlagen durch ausgedehnte Gangsysteme miteinander in Verbindung stehen. Die Wohnkessel liegen etwa 50 cm unter der Erde und werden mit Heu, Haaren und Moos ausgepolstert.

→ TYPISCH Wildkaninchen vermehren sich »wie die Karnickel«: Ein Weibchen kann im Jahr bis zu 7 Würfe bekommen und so pro Saison bis zu 40 Junge gebären. Die Jungen werden im Gegensatz zum Feldhasen in einem Schutz bietenden Erdbau geboren. Sie sind bei ihrer Geburt noch blind und nackt und erst nach 4 Wochen selbstständig.

Bisame fressen v. a. Wasserpflanzen, seltener Muscheln und Krebse →

Bisam

Ondatra zibethicus

Unterschlupf Bisame graben ausgedehnte Gangsysteme in die Uferböschungen.
Vorkommen Teiche und Seen, Kanäle und langsam fließende Flüsse. Der Eingang zur Burg liegt unter Wasser, im Innern befindet sich ein Gangsystem, das zu Wohnkesseln oberhalb des Wasserspiegels führt. Durchmesser des Eingangs etwa 10–15 cm.
Verwechslung Rattenlöcher sind mit 6–8 cm Durchmesser kleiner.
Weitere Spuren vom Bisam s. S. 89.

→ TYPISCH Als wertvolle Pelztiere wurden die in Nordamerika beheimateten Bisame Anfang des 20. Jahrhunderts in Europa eingeführt und konnten sich als anpassungsfähige Art rasch ausbreiten. Sie können durch ihre Wühltätigkeit Schäden an Deichen und Dämmen anrichten und werden deshalb bekämpft.

Ratte mit langem, nacktem Schwanz

Wanderratte

Rattus norvegicus

Unterschlupf Im Freien lebende Wanderratten legen unterirdische Gangsysteme an, deren rundliche Ein- und Ausgänge (»Rattenlöcher«) etwa 6–8 cm Durchmesser haben. Die Gänge reichen etwa 50 cm tief unter die Erde und führen zu Wohn- und Vorratskammern.
Vorkommen In freier Natur in Gewässernähe, ansonsten in Abwasserkanälen, Getreidespeichern, auf Müllkippen.
Verwechslung Mäuselöcher sind kleiner, Eingänge zu Bisambauen größer.
Weitere Spuren von Ratten s. S. 107.

→ TYPISCH In Gebäuden lebende Ratten bauen ihre Nester in Zwischenböden, Mauerspalten und allen möglichen anderen Hohlräumen und kleiden sie mit zerbissenen Stoffen, Papier, Heu, Stroh und ähnlichen weichen Materialien aus.

Zu mächtigen Grabschaufeln umgebildet: die Vorderfüße →

Maulwurf

Talpa europaea

Unterschlupf Maulwürfe werfen Erde als Aushubmaterial mit ihren schaufelförmigen Vorderbeinen zu den bekannten Maulwurfshügeln auf. Beim Anlegen der etwa 5 cm weiten Gänge entstehen in relativ regelmäßigen Abständen ziemlich gleichgroße, kegelförmige Erdhaufen mit einem Durchmesser von 20–30 cm. Größere Haufen entstehen, wenn unterirdische Nest- oder Vorratskammern angelegt werden und entsprechend mehr Boden ausgegraben wird.
Vorkommen Auf Wiesen und Äckern mit lockerer Erde, in Gärten und lichten Wäldern.
Verwechslung Schermäuse werfen bei ihrer unterirdischen Wühltätigkeit ebenfalls Erdhaufen auf. Diese sind meist flacher und unregelmäßig geformt, die Struktur des ausgeworfenen Bodens ist viel feiner. Das Einschlupfloch in das Gangsystem liegt bei Schermäusen meist ein Stück

↑ Maulwurf in seinem unterirdischen Gangsystem

↑ Maulwürfe: auch im Winter aktiv

vom Haufen entfernt, bei Maulwürfen inmitten des Hügels. Maulwurfshügel mit einem Durchmesser von bis zu 1 m und einer Höhe von etwa 50 cm finden sich insbesondere im Winter: Unter ihnen befindet sich eine große Erdkammer mit einem gepolsterten Nest aus wärmendem Laub, Moos und frischem Pflanzenmaterial.

→ TYPISCH Maulwürfe leben einzelgängerisch unter der Erde in weit verzweigten, bis zu 1 m tiefen selbst geschaufelten Gang- und Kammersystemen. Sie ernähren sich in erster Linie von Regenwürmern, außerdem fressen sie Insektenlarven, Schnecken, Spinnen und Tausendfüßler. Nahrungstiere finden sie meist bei ihren Kontrollgängen durch ihr unterirdisches Gangsystem.

Feldmaus mit Jungen in unterirdischer Nestkammer →

Wühlmäuse

Arvicolinae

Unterschlupf Wühlmäuse leben in unterirdischen Bauen, die meist mehrere Ein- bzw. Ausgänge besitzen. Bei den kleineren Arten wie Feld- und Rötelmaus haben diese einen Durchmesser von 3–5 cm, bei der größeren Schermaus von 6–8 cm. Die Gänge verlaufen oberflächennah und verbinden die unterirdischen Nest- und Vorratskammern.
Vorkommen Feldmaus im offenen Gelände, Rötelmaus im Wald, Schermaus meist nahe Gewässern, in Gärten und auf Wiesen.
Verwechslung Eingangslöcher von Ratten (s. S. 47) 6–8 cm im Durchmesser.
Weitere Spuren von Wühlmäusen s. S. 106.

→ TYPISCH Zu den kleineren, heimischen Wühlmausarten zählen Feld-, Erd-, Rötel- und Schermaus. Wühlmäuse halten keinen Winterschlaf, sondern legen gut isolierte Nester an und suchen ihre Nahrung unterhalb der Schneedecke.

Prächtig gefärbt mit langem, dolchartigem Schnabel →

Eisvogel

Alcedo atthis

Unterschlupf Eingang etwa 5 cm im Durchmesser. Die bis zu 1 m lange Röhre endet in einer erweiterten rundlichen Nistkammer. Ist die Nisthöhle besetzt, ist der Eingangsbereich durch Kot verschmutzt.
Vorkommen An Steilwänden in der Nähe von Gewässern.
Verwechslung Im Gegensatz zum einzelgängerischen Eisvogel sind Uferschwalben (s. S. 52) und Bienenfresser Koloniebrüter, deren Niströhren immer zu mehreren in einer Steilwand liegen.
Weitere Spuren vom Eisvogel s. S. 121.

→ **TYPISCH** **Eisvögel graben ihre Brutröhre meist in senkrechten Gewässerufern, mitunter auch in Böschungen oder in den Wurzeltellern umgestürzter Bäume in bis zu 1 km Entfernung vom Gewässer.**

Uferschwalben-Pärchen am
Eingang zur Niströhre

Uferschwalbe

Riparia riparia

Unterschlupf Das Einflugloch hat einen Durchmesser von etwa 5 cm. Die bis etwa 1 m lange Niströhre erweitert sich am Ende zu einer etwa 10 cm großen, kugelförmigen Kammer, die mit trockenen Halmen, Federn, Haaren und dergleichen ausgepolstert wird.
Vorkommen An sandigen Steilwänden an Flussufern und Steilküsten, vielfach Ersatzbrutplätze in Kiesgruben.
Verwechslung Auch Bienenfresser brüten kolonieweise an Steilabbrüchen. Ihre waagrechten Brutröhren sind jedoch 1–3 m lang, das querovale Einflugloch ist 5–7 cm hoch und 6–10 cm breit.

TYPISCH Uferschwalben sind ausgeprägte Koloniebrüter, die ihre Neströhren dicht an dicht in sandigen oder lehmigen, meist fast senkrechten Steilwänden mit freiem Anflug anlegen.

Typisch für Biber: der abgeplattete Schwanz →

Biber

Castor fiber

Unterschlupf Große, stabile Burgen inmitten ihrer Wohngewässer oder an deren Ufern. Sie können bis zu 2 m hoch sein und einen Durchmesser von bis zu 12 m haben. Als Baumaterial werden Äste, Zweige, Steine und Schlamm verwendet.
Vorkommen In naturnahen Flussauen mit stehenden und fließenden Gewässern.
Verwechslung Wohnburgen des Bisams sind kleiner und bestehen nicht aus Ästen und Zweigen, sondern aus Schilf und Rohrkolben.
Weitere Spuren vom Biber s. S. 72.

→ **TYPISCH** **Biberburgen werden mitunter über Generationen hinweg genutzt. Innerhalb der Burg legen die Tiere oberhalb des Wasserspiegels einen geräumigen Wohnkessel und weitere Räume zum Fressen und Schlafen an. Manchmal bauen Biber auch nur einen einfachen Erdbau mit Wohnkessel in das Gewässerufer.**

Weibchen mit seinen Küken →

Stockente

Anas platyrhynchos

Unterschlupf Nest typischerweise in der Nähe eines Gewässers am Boden. Die Ufervegetation wird etwas niedergedrückt, sodass eine flache Mulde im Untergrund entsteht. Diese wird mit Pflanzenmaterial, Federn und weichen Dunen ausgelegt. Meist 5–11 Eier.
Vorkommen An stehenden und langsam fließenden Gewässern, auch an Stadtteichen.
Verwechslung Stockenten legen typische Entennester an, die ohne Sichtung der Vögel kaum von denen anderer Entenarten zu unterscheiden sind.
Weitere Spuren der Stockente s. S. 32.

→ TYPISCH Es sind eine Vielzahl von abweichenden Neststandorten bekannt: auf Wiesen und Äckern weiter vom Wasser entfernt, in und an Gebäuden, unter Büschen, in großen Baumhöhlen, auf Kopfweiden und in Baumnestern anderer Vögel.

Pärchen auf seiner Nestburg

Höckerschwan mit Küken

Höckerschwan

Cygnus olor

Unterschlupf Mächtiges, im Durchmesser 1,5–2 m großes, burgförmiges Nest am Gewässerufer oder auf einer kleinen Insel. Es besteht aus Schilf, Binsen, Reisig und anderem Pflanzenmaterial aus der näheren Umgebung, die Nestmulde wird mit Blättern und Daunenfedern ausgepolstert. Gelegegröße meist 5–8 faustgroße Eier.
Vorkommen An Seen, Flüssen und Parkteichen, auch an der Meeresküste.
Verwechslung Aufgrund seiner Größe unverkennbar.

TYPISCH Der Höckerschwan gehört mit seinem Gewicht von bis zu 15 kg zu den schwersten flugfähigen Vögeln. Zahlreiche Höckerschwäne stammen von ausgesetzten Schwänen ab und werden vielerorts über den Winter gefüttert. Deshalb zeigen sie Menschen gegenüber wenig Scheu.

Eichhörnchen beim Sammeln von Nestmaterial →

Eichhörnchen

Sciurus vulgaris

Unterschlupf Eichhörnchen bauen Kobel – kugelförmige Nester mit 30–50 cm Durchmesser aus miteinander verflochtenen Zweigen, innen ausgepolstert mit Laub, Moos und aufgefaserter Borke. Meist werden sie im oberen Bereich von Bäumen nahe am Stamm auf einer Astgabel angelegt.
Vorkommen Auf Bäumen und Büschen in Wäldern, Parks und Gärten.
Verwechslung Elsternester (s. S. 57) sind größer, weniger dicht verwoben und meist nicht in Stammnähe, sondern weiter außen zwischen den Zweigen angebracht.
Weitere Spuren vom Eichhörnchen s. S. 26 und 76.

→ TYPISCH Junge Eichhörnchen werden im Kobel oder aber in einer Baumhöhle geboren, kommen blind und nackt auf die Welt und wiegen bei der Geburt nur etwa 10 g.

Typisch: der extrem lange Schwanz

Elster

Pica pica

Unterschlupf Elstern bauen 40–70 cm breite Nester aus Reisig, die eine kuppelförmige Überdachung aufweisen und bis auf einen seitlichen Eingang geschlossen und kugelförmig sind. Sie sind oft weithin sichtbar im Wipfelbereich von Bäumen. Die Nestmulde wird mit Schlamm und Erde geformt und mit Haaren, feinen Wurzeln und weichem Pflanzenmaterial ausgepolstert.
Vorkommen Kulturlandschaft mit Büschen und Bäumen, in Gärten und Parks.
Verwechslung Unterschied zum Eichhörnchen-Kobel s. S. 56.

→ TYPISCH Auf die Entfernung könnte man Elsternester mit den in der Wuchsform ähnlichen »Hexenbesen« verwechseln: Dies sind durch parasitische Schlauchpilze verursachte abnorme Zweig-Wucherungen auf Birken.

Der Schwanz dient als → Kletterhilfe

Zwergmaus

Micromys minutus

Unterschlupf Zwergmäuse bauen 6–10 cm große, kugelförmige Nester zwischen Gräsern, Schilf oder Getreidehalmen, meist in 30–100 cm Höhe. Zunächst werden die Blätter benachbarter Pflanzen gespalten und miteinander verflochten. Anschließend wird das Nest weiter ausgebaut und ausgepolstert.
Vorkommen Meist auf Wiesen zwischen Gräsern und Kräutern, mitunter in Getreideäckern.
Verwechslung Haselmäuse bauen ihre kugelförmigen Nester eher in dichtem Gebüsch. Das Kugelnest des Zaunkönigs (s. S. 59) ist größer.

→ TYPISCH Zwergmäuse sind in der Lage, selbst an dünnen Halmen empor- und herabzusteigen. Ihr langer Schwanz dient ihnen dabei als Greiforgan, indem sie ihn beim Klettern um die Pflanzenstängel wickeln.

Fütterung der Küken am Nest

Zaunkönig

Troglodytes troglodytes

Unterschlupf Das kugelförmige Nest mit seitlichem Eingang, besteht aus Moos, trockenem Laub, Halmen und Ästchen. Durchmesser etwa 15 cm, 4–8 Eier. Meist bodennah, selten über 2 m hoch in Asthaufen, im Wurzelgeflecht einer Uferböschung, zwischen Kletterpflanzen oder Nadelgehölzen, in Höhlungen und Nischen.
Vorkommen In Wäldern, Hecken, Parks und Gärten mit Dickichten und Schlupfwinkeln.
Verwechslung In Gewässernähe mit dem kugelförmigen Moosnest der Wasseramsel, das jedoch mit einem Durchmesser von mindestens 20 cm größer ist.

→ TYPISCH Das Zaunkönig-Männchen baut im Frühjahr mehrere unfertige Nester, aus denen das Weibchen eines auswählt. Das Weibchen kleidet das ausgewählte Nest mit Moos, Federn, Haaren und anderen weichen Stoffen von innen aus.

Typisch: der extrem lange Schwanz →

Schwanzmeise

Aegithalos caudatus

Unterschlupf Kompakt gebautes, dickwandiges, geschlossenes kugel- bis ovalförmiges Nest, 15–20 cm Außendurchmesser, meist in 1–6 m Höhe. Seitliches Einschlupfloch etwa 3 cm im Durchmesser. Nistmaterial sind Halme, Moos, Flechten, Spinnweben, mitunter auch Federn, Wolle und andere Tierhaare. Meist gut versteckt und getarnt.
Vorkommen In Bäumen, Büschen, Reisighaufen in Wäldern, Parks und Gärten.
Verwechslung Das Kugelnest von Zaunkönigen (s. S. 59) ist nicht so filigran.

→ **TYPISCH** **Der Nestbau ist sehr aufwendig, wird von beiden Geschlechtern ausgeführt und dauert mehrere Wochen. Wissenschaftler haben über 2000 verbaute Teilchen für ein Nest gezählt!**

Männchen am Nest →

Beutelmeise

Remiz pendulinus

Unterschlupf Beutelförmiges, 15–20 cm hohes Nest in 2–8 m Höhe an dünnen Zweigenden von am Ufer stehenden Gehölzen. Als Baumaterial dienen verfilzte Samenhaare von Pappeln, Weiden und Rohrkolben, Tierhaare sowie Pflanzenfasern. Etwa 4 cm lange Eingangsröhre.
Vorkommen Auf Bäumen an Gewässerufern und in Feuchtgebieten, gern in Auwäldern.
Verwechslung Schwanzmeisen (s. S. 60) verwenden für ihr Nest Moose und Flechten, außerdem fehlt die Eingangsröhre.

→ TYPISCH Zunächst flechtet das Männchen einen Ring um geeignete Ästchen, der dann zum »Henkelkorbstadium« ausgebaut wird. Gelingt es ihm daraufhin, ein Weibchen für seinen Nestvorschlag zu gewinnen, wird der Bau gemeinsam fertiggestellt.

Amselnest in einem Ästehaufen

Brütendes Weibchen auf gut verstecktem Nest →

Amsel

Turdus merula

Unterschlupf Napfförmiges Nest, meist in einer Höhe von unter 3 m. Basis aus dünnen Zweigen, Halmen und Moos. Außendurchmesser 10–16 cm, Höhe 7–10 cm. Nestmulde wird mit feuchter Erde verkleistert und anschließend mit feinem Pflanzenmaterial ausgekleidet. Meist 4–5, selten 2–7 Eier.
Vorkommen Bäume, Büsche, Asthaufen, Schuppen und sonstige Nischen in Wäldern, Hecken, Parks und Gärten.
Verwechslung Auch das Napfnest der Singdrossel wird mit feuchter Erde ausgestrichen, aber nicht weiter ausgepolstert, ist also glattwandig.
Weitere Spuren der Amsel s. S. 35, 82 und 113.

→ TYPISCH Ursprünglich in Wäldern zuhause, fehlt die Amsel als erfolgreiche Kulturfolgerin heute in keinem Lebensraum und lebt selbst inmitten von Großstädten.

Mehlschwalben sammeln Lehm für den Nestbau →

Mehlschwalbe

Delichon urbica

Unterschlupf Nest eine bis auf ein kleines Einflugloch geschlossene Halbkugel aus Lehm. Nisten meist in kleineren Kolonien an rauen Außenwänden von Gebäuden, gerne geschützt unter Dachvorsprüngen oder Regenrinnen, gelegentlich auch unter Brücken.

Vorkommen In Dörfern und Städten.

Verwechslung Auch Rauchschwalben bauen Lehmnester in Dörfern und Städten. Ihre Nester findet man meist im Inneren von Gebäuden wie Stallungen, Lagerhallen oder Garagen. Ihre Nester sind schalenförmig.

→ TYPISCH Zum Nestbau holen Mehlschwalben mit ihrem Schnabel Hunderte von Lehmklümpchen aus Pfützen, die sie dann mit Speichel und Pflanzenfasern zu einem hochwertigen Baumaterial vermischen.

Männchen mit rotem Nackenfleck →

Buntspecht

Dendrocopos major

Unterschlupf Brüten in Baumhöhlen, die sie in meist geschwächte Bäume zimmern. Das rundliche Einschlupfloch ist 4,5–5,5 cm im Durchmesser und führt in eine Kammer, die etwa 25–50 cm hoch ist, Höhle in einer Stammhöhe von 1–25 m, meist in 4–8 m Höhe.
Vorkommen In Wäldern, Parks und Gärten mit älterem Baumbestand.
Verwechslung Auch andere Spechte zimmern Bruthöhlen: Beim Kleinspecht hat das Einschlupfloch einen Durchmesser von 3–3,5 cm, beim Mittelspecht 3,5–4,5 cm. Beim größeren Schwarzspecht ist das Loch länglich und 10–17 cm hoch.
Weitere Spuren vom Buntspecht s. S. 81.

→ TYPISCH Da Spechte jedes Jahr eine neue Höhle bauen, schaffen sie Wohngelegenheiten für in Höhlen lebende Tiere wie Meisen, Kleiber, Fledermäuse und andere.

Kleibernest in einer Baumhöhle in einem Obstbaum

Kleiber verengt das Einschlupfloch zur Höhle mit Lehm

Kleiber

Sitta europaea

Unterschlupf Kleiber sind Höhlenbrüter, die ihre Nester in Baumhöhlen, verlassenen Spechthöhlen, Mauerlöchern oder Nistkästen anlegen. Der Name »Kleiber« leitet sich von »Kleber« ab: Sie verkleben das Eingangsloch zu ihrer Höhle mit Lehm bis auf einen Durchmesser, der ihnen gerade noch den Einschlupf erlaubt. Fressfeinde und größere Nistplatzkonkurrenten werden so ausgesperrt.
Vorkommen In Laub- und Mischwäldern, Parks und Gärten.
Verwechslung Das Verkleben des Höhleneingangs ist unverwechselbar. Allerdings können in verlassene Kleiberhöhlen andere höhlenbrütende Arten wie Meisen eingezogen sein.
Weitere Spuren vom Kleiber s. S. 80.

TYPISCH Kleiber sind bei uns die einzige Vogelart, die an senkrechten Baumstämmen herabklettern kann.

FRASSSPUREN schneller bestimmen

Fast alle Tiere hinterlassen bei der Nahrungsaufnahme irgendwelche Fraßspuren. Auf den folgenden Seiten werden die von Säugetieren und Vögeln verursachten Fraßspuren vorgestellt. Sie sind eingeteilt in solche an Bäumen und Sträuchern, am Boden, an Früchten und Zapfen sowie an tierischen Überresten.

Fische gehören zur bevorzugten Beute der Fischotter

AB SEITE 68

Fraßspuren an Pflanzen

Blätter, Knospen, Zweige und Rinde sind für viele Pflanzen fressende Tiere eine wichtige Nahrungsgrundlage. Die Höhe des Verbisses lässt erste Rückschlüsse auf die entsprechende Tierart zu, natürlich besonders auf ihre Größe.

→ Weitere wichtige Bestimmungsmerkmale der Nagespuren an Rinde und Holz können die Größe und Anordnung der Zahnmarken sein.

AB SEITE 74

Fraßspuren am Boden

Direkt am Erdboden lassen sich die Fraßspuren von wühlenden und scharrenden Tieren finden. Wildschweine durchwühlen die Erdoberfläche auf der Suche nach Wurzeln, Pilzen, Würmern und Insekten großflächig.
⟶ Beim Maulwurf und bei Wühlmäusen sind die Spuren der Nahrungssuche gleichzeitig auch die Spuren der Wohnstätte und werden in dem Kapitel »Baue und Nester« beschrieben.

AB SEITE 76

Früchte, Nüsse, Zapfen

Im Herbst und Winter stehen Früchte, Nüsse und Zapfen auf dem Speiseplan vieler Tiere. Die Art der Früchte, die Methode, diese zu knacken, sowie der Fundort der Fraßspur lassen häufig auf den Verursacher schließen.

AB SEITE 83

Tierische Überreste

Fraßspuren an tierischen Überresten können beispielsweise Knochen, Fell und Federn sowie Schalen von Schnecken, Muscheln oder Eiern sein.
⟶ Ein solcher Spurenfund verrät uns im Gegensatz zu den meisten anderen Spuren die Anwesenheit von gleich 2 Tierarten: die der Beute und die des Räubers.

Rehe mögen Efeu und fressen ihn so weit sie reichen ab

Rehe sind Feinschmecker

Reh

Capreolus capreolus

Fraßspur Das Abbeißen von Kräutern, Zweigen, Knospen und jungen Trieben bezeichnet man als »Verbiss«. Da Rehe und Hirsche nur im Unterkiefer Zähne besitzen, die im Oberkiefer gegen Hornplatten wirken, sind die Abbissstellen an einer Seite glatt, an der anderen faserig und wirken insgesamt eher wie abgebrochen.

Vorkommen In Wäldern, an Waldrändern, auf Lichtungen und Aufforstungen.

Verwechslung Auch Hasen und Kaninchen beißen Zweige von Büschen und jungen Bäumen ab. Da sie scharfe Zähne im Ober- und Unterkiefer haben, die aufeinander beißen, entstehen glatte, saubere Abbissspuren, die wie abgeschnitten wirken.

Weitere Spuren vom Reh s. S. 8, 39 und 92.

↑ Typisch: unsauber wirkende Abbissstellen

↑ Hier hat ein Rehbock sein Geweih »gefegt«

Besonders auffällig und gut zu erkennen sind Verbissspuren an jungen Nadelbäumen, bei denen das ständige Abfressen der Triebe zu abnormem Wuchs führt: Häufig entsteht ein kegelförmiger, sogenannter »Fußsack«, der im Aussehen an eine dichte, mit der Schere gestutzte Hecke erinnert. Das Abbeißen der Wipfelspitzen junger Bäume verhindert deren Höhenwachstum und verursacht einen buschigen Wuchs.

→ TYPISCH Bei Büschen, die Verletzungen mit herabhängenden Rindenfetzen sowie gebrochene oder abgerissene Zweige aufweisen, handelt es sich oft um Fegemarken. Das sind Plätze, an denen Rehe und Hirsche ihr Geweih gescheuert haben. Sie wechseln ihr Geweih jährlich. Das neu heranwachsende ist zunächst von einer Basthaut umhüllt, die nach Beendigung des Geweihwachstums abstirbt und an den Fegestellen abgeschubbert wird.

hinterlassen deutliche Spuren: die Abzeichen der Vorderzähne

Weibliche Tiere werden Hirschkuh genannt →

Rothirsch

Cervus elaphus

Fraßspur Das Abfressen von Baumrinde bezeichnet man als »Schälung«. Je nach Jahreszeit entstehen dabei völlig unterschiedliche Fraßbilder: Bei der sogenannten »Winterschälung« sitzt die Rinde fest am Holz und muss mühsam abgeknabbert werden. Zurück bleiben meist deutlich erkennbare, etwa 5 mm breite Furchen auf der Stammoberfläche als Abzeichen der Vorderzähne.
Vorkommen In Wäldern an Bäumen aller Art.
Verwechslung Auch Damwild und Rehe ernähren sich gelegentlich von Baumrinde.
Weitere Spuren vom Rothirsch s. S. 10 und 94.

TYPISCH **Bei der »Sommerschälung« sitzt die Rinde aufgrund des steigenden Baumsafts relativ locker am Holz und wird dann in längeren Streifen abgezogen.**

Schwarzspecht an seiner Bruthöhle →

Schwarzspecht

Dryocopus martius

Fraßspur Alte Baumstubben und morsches Holz werden bei der Nahrungssuche vom Schwarzspecht oft regelrecht zerlegt. Ansonsten schlagen sie mit wuchtigen Schnabelhieben unregelmäßige, längliche Löcher in Baumstämme, die etwa 10–15 cm breit, bis zu 60 cm lang und bis zu 20 cm tief sein können. Am Fuß des Baums sammeln sich die herausgehackten Späne an. Sie sind etwa 10–15 cm lang.
Vorkommen In Misch- und Nadelwäldern.
Verwechslung Die Nahrungssuche im Holz durch andere Spechtarten hinterlässt deutlich kleinere Spuren.

→ **TYPISCH** **Spechte ernähren sich zu einem großen Teil von Insekten und deren Larven und Puppen, die im Holz unter der Baumrinde leben. Dazu hacken sie mit ihrem meißelförmigen Schnabel Löcher in Baumstämme.**

Ein Leckerbissen für Biber: Birke

Biber

Castor fiber

Fraßspuren Um Nahrungsquellen zu erschließen, fällen Biber ganze Bäume, vornehmlich Weiden, Pappeln, Birken und Eschen, selten auch Eichen oder Nadelbäume. Der Baumstamm wird etwa 0,5 m über dem Boden rundum benagt, sodass er sanduhrförmig immer dünner wird und schließlich umfällt. Dünnere Bäumchen werden mitunter auch nur einseitig bis zum Umstürzen benagt. Rings um die Stammbasis liegen 3–4 cm breite und 10–12 cm lange abgebissenen Holzspäne und geben einen Eindruck von der Nagekraft des Bibers. Deutlich zu erkennen sind die etwa 8 mm breiten Zahnspuren.

Vorkommen In Wäldern und Baumgruppen an naturnahen Flussauen mit stehenden und fließenden Gewässern.

Verwechslung Unverwechselbar.

Weitere Spuren vom Biber s. S. 53.

↑ Bald vom Biber gefällt: eine Birke

↑ Mit einem Damm gestauter Bachlauf

Von den gefällten Bäumen werden die Äste abgebissen, in transportable Längen genagt und als Baumaterial für die Wohnburg (s. S. 53) und den Damm genutzt oder als Nahrungsvorrat in die Burg getragen. Mit einem Biberdamm stauen die Tiere ein Fließgewässer zu einem Teich. Der Damm besteht aus Ästen, Zweigen, Steinen und Schlamm und ist äußerst stabil.

→ **TYPISCH Biber müssen als eine Art Landschaftsarchitekten bezeichnet werden, da sie ihre Umwelt aktiv gestalten. Damit haben sie auch Einfluss auf die sonstige Tier- und Pflanzenwelt: Durch Dämme werden Bäche und Flüsse aufgestaut und es entstehen Teiche an Stellen, an denen vorher keine waren. Uferbegleitende Gehölze werden abgeholzt und es entstehen Lichtungen, auf denen wiederum andere Pflanzen gedeihen können.**

Wiese, aufgewühlt auf der Suche nach Fressbarem

Mit der kräftigen Schnauze auf Futtersuche

Wildschwein

Sus scrofa

Fraßspuren Wildschweine suchen ihre Nahrung nicht nur oberirdisch, sondern auch unter der Erde. Dazu wühlen (»brechen«) sie den Boden mit ihrer rüsselartig verlängerten Schnauze auf und durchpflügen ihn auf der Suche nach Würmern, Insekten, Pilzen, Mäusenestern, Eicheln, Bucheckern und vielem anderen mehr. Diese Wühltätigkeit kann einen beträchtlichen Umfang erreichen.
Vorkommen In Wäldern und auf Wiesen und Äckern.
Verwechslung Dachse kratzen mitunter den Boden auf Wiesen auf, um Würmer und Insektenlarven zu erbeuten. Ihre Wühltätigkeit erreicht aber bei weitem nicht die Ausmaße der von Wildschweinen. Zudem lassen sich auf der frischen Erde meist eindeutige Trittsiegel finden.
Weitere Spuren vom Wildschwein s. S. 11 und 97.

Wildschwein-Suhle

»Malbaum« – hier schubbern sich Wildschweine

Dort wo Wildschweine leben, finden sich zerwühlte und stark zertretene Schlammpfützen, die sogenannten Suhlen. Diese Plätze werden insbesondere im Sommer von den Wildschweinen aufgesucht, um darin ausgiebige Schlammbäder zu nehmen. Die Feuchtigkeit kühlt den Körper der Tiere, während der Schlamm vermutlich der Bekämpfung von Hautparasiten sowie dem Schutz vor stechenden Insekten dient.

→ **TYPISCH Nach dem Schlammbad schubbern sich Wildschweine ausgiebig an immer wieder zu diesem Zweck aufgesuchten Bäumen. Die Rinde ist an der entsprechenden Stelle abgerieben und der Stamm mit Schlamm verkrustet, an dem wiederum Wildschweinborsten haften. Diese Bäume werden als Malbäume bezeichnet und dienen der Fellpflege und als Markierungspunkt im Revier.**

Eichhörnchen sammelt einen Fichtenzapfen →

Eichhörnchen

Sciurus vulgaris

Fraßspur Eine unordentlich aussehende, zerfranste Zapfenspindel, an deren Ende meist einige Schuppen schopfartig unberührt sind, sowie eine Menge abgerissener Schuppen. Häufig findet sich eine größere Zahl derartig bearbeiteter Zapfen auf einem Baumstubben oder erhöhtem Stein.
Vorkommen In Wäldern, Parks und Gärten mit Nadelbäumen.
Verwechslung Einige Mäusearten fressen Fichtensamen und müssen zuvor den schützenden Zapfen bearbeiten. Sie nagen die Samenschuppen fein säuberlich ab, sodass die übrig bleibende Zapfenspindel nicht zerfranst, sondern ordentlich aussieht.
Weitere Spuren vom Eichhörnchen s. S. 26 und 56.

Die nährstoffreichen Samen von Nadelbäumen sind eine wichtige Nahrungsgrundlage für Eichhörnchen. Die kleinen

↑ Mitunter haben Eichhörnchen feste Fraßplätze

↑ Leckerbissen für Eichhörnchen: Nüsse

Samen liegen in den verholzten Zapfen verborgen und werden auf charakteristische Art freigelegt: Der Zapfen wird am oberen Ende mit den Vorderfüßen festgehalten, am unteren Ende beginnt das Eichhörnchen damit, die Samenschuppen mit den Zähnen rauszureißen und zur Mitte des Zapfens hin abzubeißen.

→ **TYPISCH** **Unter Fichten finden sich mitunter Mengen etwa 5–10 cm langer Zweigchen. Sie wurden von Eichhörnchen abgebissen, um an die nahrhaften männlichen Blütenkätzchen zu gelangen. Diese sitzen in den Achseln der vorjährigen Triebe, direkt dahinter beißen die Eichhörnchen den Zweig ab. Das Innere der Knospen wird leer gefressen, zurück bleibt nur ein Kranz ausgehöhlter Knospenschuppen am Grund der abgebissenen Zweigchen.**

Typisch: der lange, dicht behaarte Schwanz →

Haselmaus

Muscardinus avellanarius

Fraßspur Am besten kann man das Vorkommen von Haselmäusen feststellen, wenn man von ihnen aufgenagte Haselnüsse findet, da sie beim Nagen auf charakteristische Weise vorgehen: Zunächst nagen sie ein kleines Loch in die Nussschale und erweitern es dann an den Rändern. Es entsteht ein fast rundes Loch mit deutlichen Zahnspuren.
Vorkommen In Hecken- und gebüschreichen Flächen, Obstgärten.
Verwechslung Siebenschläfer sehr ähnlich, Eichhörnchen knacken die Nüsse (s. S. 79), Mäuse nagen weniger fein und das Loch ist nicht so rund.

→ **TYPISCH** **Haselmäuse ernähren sich überwiegend vegetarisch von Knospen, Blättern, Früchten, Obst und besonders gern von Haselnüssen. Gelegentlich fressen sie auch Insekten und deren Larven.**

Typisch: große Ohren,
langer Schwanz

Waldmaus

Apodemus sylvaticus

Fraßspur Waldmäuse öffnen Nüsse auf typische Weise: Zunächst nagen sie eine kleine Öffnung in die harte Schale. In dieses Loch stecken sie die unteren Vorderzähne, die oberen Schneidezähne dienen als Widerlager. Nun vergrößert die Maus mit den Vorderzähnen das Loch. Auf der Schalenaußenseite sind feine Abdrücke der Zähne zu sehen.
Vorkommen In Wäldern, Heckenlandschaften und Gärten, oft versteckt unter Wurzeln, Steinen und dergleichen.
Verwechslung Haselmaus s. S. 78. Vögel hacken mit ihrem Schnabel auf die Schale, es entstehen unregelmäßigere Löcher.

TYPISCH Waldmäuse halten keinen Winterschlaf, sondern legen gut isolierte Nester an, in denen sie im Herbst Nahrungsdepots aus Nüssen, Eicheln und Körnern anlegen.

Mit Sonnenblumenkern an der Vogelfütterung →

Kleiber

Sitta europaea

Fraßspur Haselnüsse oder Eicheln finden sich fest verkeilt an der Borke älterer Baumstämme. Sie wurden durch kräftige Schnabelhiebe geöffnet und das schmackhafte Innere schließlich leer gefressen. Gut als Widerlager geeignete Rindenspalten werden regelmäßig genutzt.
Vorkommen An Baumstämmen in Wäldern, Parks und Gärten.
Verwechslung Auch Spechte klemmen Nüsse in Borke, um sie aufzuhämmern. Deren kräftigerer Schnabel hinterlässt meist stärker zerklopfte Schalenreste.
Weitere Spuren vom Kleiber s. S. 65.

→ TYPISCH Mitunter finden sich auch unversehrte Nüsse gut verkeilt an Baumstämmen: Dabei handelt es sich oft um eine Art Vorratshaltung, bei der die beliebten Nüsse zumindest schon mal vor vielen Mäusen gesichert werden.

Typisch Specht: der kräftige Schnabel →

Buntspecht

Dendrocopos major

Fraßspur Als »Spechtschmiede« wird der Platz bezeichnet, an dem Buntspechte Zapfen bearbeiten: Ein Zapfen wird in der Rinde eines Baums verkeilt. Anschließend hacken sie mit ihrem Schnabel auf den Zapfen, bis sie an die Samen gelangen. Ist eine Seite des Zapfens leer gefressen, wird er gedreht und weiterbearbeitet. Am Ende hat der Zapfen ein zerzaustes Aussehen mit abgebrochenen oder umgeknickten Schuppen (vgl. Zapfen-Fraßspuren von Eichhörnchen (S. 76).

Vorkommen An Baumstämmen in Wäldern, Parks und Gärten.

Verwechslung Auch andere Spechtarten legen Schmieden an.

Weitere Spuren vom Buntspecht s. S. 64.

→ **TYPISCH** **Unterhalb einer Spechtschmiede können sich im Lauf des Winters große Mengen bearbeiteter Zapfen ansammeln.**

Amsel-Männchen frisst an einem Apfel →

Amsel

Turdus merula

Fraßspur Amseln, aber auch Wacholder-, Rot- und Singdrosseln hinterlassen beim Apfelfressen charakteristische Fraßspuren: Von der Schale lassen sie relativ viel übrig, das Fruchtfleisch fressen sie zu großen Teilen heraus und höhlen den Apfel schließlich schüsselförmig aus. Mitunter bleibt in der Mitte dieser Apfelreste das Kerngehäuse zurück. An den Innenseiten kann man meist deutlich die Pickspuren der spitzen Schnäbel erkennen.
Vorkommen In Obstplantagen und Gärten an und unter Apfelbäumen.
Verwechslung Fast alle Nagetierarten fressen Äpfel. Sie hinterlassen jedoch deutliche Zahnspuren im Fruchtfleisch.
Weitere Spuren der Amsel s. S. 35, 62 und 113.

→ TYPISCH **Auch das Fruchtfleisch von Hagebutten ist bei Amseln sehr beliebt – zurück bleiben die harten Schalen.**

Ein Männchen lauert auf Beute

Neuntöter

Lanius collurio

Fraßspur Neuntöter erbeuten Insekten wie Käfer, Hummeln, Libellen, Heuschrecken und Schmetterlinge, aber auch Mäuse, Eidechsen und Jungvögel und spießen sie häufig auf Dornen und an Stacheldraht auf. Dieses Verhalten dient zum einen der Vorratshaltung, zum anderen der Fixierung, sodass sie die Beute besser zerlegen können.
Vorkommen Von April bis Oktober in Dornengebüsch und an Stacheldraht in offenen Wiesenlandschaften.
Verwechslung Die Beute vom Raubwürger ist oft größer, wird meist in Astgabeln festgeklemmt und nur gelegentlich aufgespießt.

TYPISCH Den Namen »Neuntöter« bekam der Vogel, weil er angeblich erst 9 Tiere aufspießt, bevor er eines isst. Das stimmt aber nicht. Er wird auch Rotrückenwürger genannt.

Steinmarder mit Hühnerei →

Steinmarder

Martes foina

Fraßspur Größere Vogeleier, die von Mardern geraubt wurden, zeigen typische Fraßspuren: Die Oberkieferzähne dienen als Widerlager zu den Zähnen des Unterkiefers und hinterlassen deutliche Zahnmarken auf der Schale. Mit den Zähnen des Unterkiefers wird ein größeres Loch in die Schale genagt und das Innere schließlich ausgeleckt. Meist verbleiben Reste vom Eidotter und Eiweiß.
Vorkommen In Wäldern, Heckenlandschaften und im Siedlungsbereich.
Verwechslung Von Vögeln geraubte und geöffnete Eier haben keine Zahnmarken (s. S. 85).
Weitere Spuren vom Marder s. S. 24, 86 und 104.

→ **TYPISCH** **Vogeleier jeder Größe sind eine begehrte und energiereiche Nahrungsquelle für viele Säugetier- und Vogelarten.**

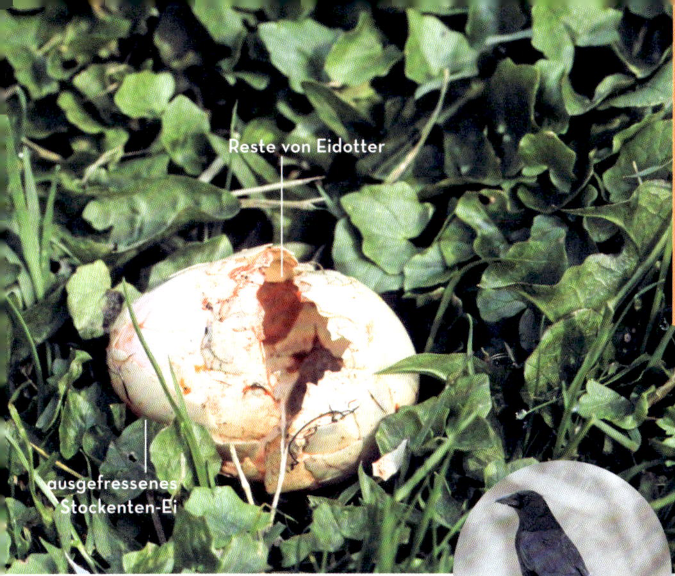

Rabenkrähe →

Krähe

Corvus ssp.

Fraßspur Krähenvögel rauben Eier mit dem Schnabel aus dem Nest und fliegen damit meist weg, um sie zu öffnen. Dazu hacken sie mit ihrem Schnabel ein unregelmäßiges Loch in die Schale. Im Innern des Eis finden sich nach dem Ausfressen noch Reste von Dotter und Eiweiß.
Vorkommen Krähen öffnen geraubte Eier häufig an Wegen oder auf Wiesen.
Verwechslung Möwen rauben Eier, fressen diese aber meist direkt im oder am Nest. Von Fuchs und Mardern geöffnete Eier (s. S. 84) zeigen meist Zahnmarken auf den Schalen.

→ TYPISCH Aus den meisten gefundenen Eierschalen sind Küken geschlüpft, auch wenn sie nicht in Nestnähe liegen: Viele Vogelarten entfernen die Schalen aus dem Nest und lassen sie irgendwo fallen. In ihnen finden sich keine Reste von Dotter.

Baummarder mit erbeuteter Maus

Raubsäuger

Carnivora

Fraßspur Raubsäuger wie Füchse, Marder und Katzen beißen Federn in zusammenhängenden Büscheln ab. Der untere Teil des Federkiels ist durchgebissen, oft sind auch die Fahnen beschädigt.
Vorkommen Dort, wo Raubsäuger leben und Beute machen.
Verwechslung Es ist oft nicht möglich, nur anhand des Risses zu bestimmen, welches Raubtier Beute gemacht hat. Aufschluss können mitunter Losung, Trittsiegel oder die unmittelbare Nähe zu einem Bau geben.

→ TYPISCH Das Auffinden von Federn kann 3 Gründe haben: Einzelne Federn mit völlig intaktem Federkiel und unversehrter Fahne gehen in der Regel auf die Mauser zurück. Bei einer größeren Menge von Federn an einem Platz handelt es sich meist um Nahrungsreste – entweder von einer Greifvogel-Rupfung (s. S. 87) oder von einen Raubsäuger-Riss.

Sperber-Männchen mit »gesperberter« Brust

Habicht · Sperber

Accipiter gentilis · Accipiter nisus

Fraßspur Sperber und Habichte rupfen einem erbeuteten Vogel mit ihrem Schnabel jede Feder einzeln heraus. Dabei packen sie die Federn am Schaft, der Federkiel wird vollständig aus der Haut gerissen (vgl. Riss S. 86).
Vorkommen Oft geschützt im Wald oder dichtem Gebüsch.
Verwechslung Wanderfalken schlagen Vögel wie Tauben, Enten und Möwen. Meist rupfen sie ihre Beute an einer freiliegenden Stelle und fressen oft nur das Brustfleisch, zurück bleibt ein mehr oder weniger zusammenhängendes Skelett.

→ TYPISCH Sperber erbeuten kleinere Vögel wie Meisen, Drosseln und Finken und rupfen diese oftmals etwas erhöht auf Baumstubben oder dergleichen. Die größeren Habichte greifen eher etwas größere Vögel wie Tauben, Enten oder Hühnervögel.

Singdrosseln mögen → Efeufrüchte

Singdrossel

Turdus philomelos

Fraßspur An einer Stelle finden sich zahlreiche Überreste von zerbrochenen und leer gefressenen Schneckengehäusen – es handelt sich um eine »Drosselschmiede«: Hier hat eine Singdrossel erbeutete Schnecken auf einem Stein, der als Amboss dient, zerschmettert. Ein dafür geeigneter Platz wird regelmäßig und mitunter über Jahre aufgesucht.
Vorkommen In Wäldern, Parks und Gärten auf dem Boden um Steine und Äste.
Verwechslung An Fraßplätzen von Mäusen können sich ebenfalls Schalenreste ansammeln, allerdings liegen sie meist verborgen und nicht so offen wie die der Singdrossel.

→ TYPISCH Singdrosseln greifen Schnecken mit dem Schnabel am Gehäuse-Mündungsrand und schlagen sie mit heftigen Kopfbewegungen auf eine harte Unterlage, bis die Schalen zertrümmert sind.

Bisame ernähren sich überwiegend vegetarisch →

Bisam

Ondatra zibethicus

Fraßspur Bisame fressen hauptsächlich Wasserpflanzen. Außerdem erbeuten sie Muscheln und Krebse. An bestimmten Fraßplätzen am Ufer finden sich dann aufgebissene und ausgefressene Muschelschalen.
Vorkommen Uferbereich von stehenden und langsam fließenden Gewässern.
Verwechslung Auch Fischotter nutzen bestimmte Fraßplätze am Gewässerufer und erbeuten gelegentlich Muscheln, deren aufgebissene Schalen zurückbleiben. Meist wird man dort aber auch Reste von Fischen finden, ihrer Hauptnahrung.
Weitere Spuren vom Bisam s. S. 46.

→ **TYPISCH Oftmals werden Wasserpflanzen nicht vollständig aufgefressen, dann treiben angebissene Stängel und Blätter auf der Wasseroberfläche oder werden am Ufer angespült.**

LOSUNGEN UND GEWÖLLE schneller bestimmen

Tiere müssen unverdauliche Nahrungsbestandteile wieder ausscheiden. Auf den folgenden Seiten werden Kotspuren von Säugetieren und Vögeln sowie von Vögeln ausgewürgte Gewölle vorgestellt.

AB SEITE 92

Losungen

Kot, der bei Säugetieren auch als Losung bezeichnet wird, besteht ganz allgemein aus unverdaulichen Nahrungsteilen wie Haaren, Federn, Schuppen, Knochenstückchen, Chitinteilen von Insekten und Pflanzenteilen sowie aus Schleim, abgestoßenen Darmzellen, Wasser und großen Mengen Bakterien.
→ Größe, Form, Konsistenz, Inhalt, Geruch, Farbe und Lage geben dem Spurenkundler Auskunft über die Tierart, von der die Losung stammt, sowie über deren Ernährungsgewohnheiten.

Ein Fund, der vieles erzählt: eine Rehlosung.

→ Im Gegensatz zu Säugetieren besitzen Vögel keine getrennten Ausgänge für Kot und Harn, sondern nur einen, die sogenannte Kloake. Dabei ist der Urin von Vögeln dickflüssig und haftet als weißliche Haube oder Überzug auf dem Kot.

AB SEITE 114

Gewölle

Eulen, Greifvögel, Reiher, Krähen, Möwen, Würger und einige weitere Vogelgruppen würgen die unverdaulichen Reste ihrer Nahrung wie Knochen, Fell, Federn, Zähne, chitinisierte Insektenteile, Kerne oder Krebs- und Muschelschalen als Gewölle aus. Größe, Form, Konsistenz, Inhalt und Fundort der Gewölle können viele Aufschlüsse über die Vogelarten und ihre Ernährung geben.

→ Eulen verschlingen ihre Beute meist im Ganzen oder zumindest in großen Stücken, komplett mit Fell, Federn und Knochen. Da ihre Magensäure relativ schwach ist, finden sich in ihren Gewöllen gut erhaltene Knochen und Schädel der Beutetiere. Diese Tatsache machen sich Säugetierforscher zunutze, indem sie die Kleinsäugerfauna einer Region durch genaue Analysen von Eulengewöllen erfassen.

Ricke mit ihrem Kitz →

Reh

Capreolus capreolus

Kotspur Die Winterlosung besteht aus 10–14 mm langen und 7–10 mm dicken walzen- oder fast kugelförmigen Kotbohnen, an einem Ende mit kleiner Spitze, am anderen abgerundet. Frisch schwärzlich braun glänzend, später matt. Bei der Sommerlosung klumpen die einzelnen Kotbohnen zusammen, mitunter ist der Kot breiig.
Vorkommen Rehlosung findet sich an den Äsungsplätzen der Tiere, außerdem wird sie im Gehen abgegeben, sodass sie auf der Fährte liegt.
Verwechslung Die Losung ist der von anderen Wiederkäuern wie Hirschen, Schafen und Ziegen ähnlich. Unterscheidung entweder durch die Größe der Kotbohnen oder das Auffinden weiterer Spurentypen.
Weitere Spuren vom Reh s. S. 8, 39 und 68.

↑ Sommerlosung: Kotbohnen verkleben miteinander

↑ Losung wird mitunter im Gehen abgesetzt

Im Herbst und Winter fressen Rehe hauptsächlich trockene Nahrung wie Knospen und Triebe, entsprechend trocken sind die einzelnen Kotbohnen. Im Frühjahr und Sommer fressen Rehe hauptsächlich saftige Nahrung wie Kräuter, Gräser, Blätter und Beeren, entsprechend feucht ist die Sommerlosung. Je nach Nahrung kommt es zu Übergängen.

→ TYPISCH Reh, Hirsche, Schafe und Ziegen sind Vertreter der sogenannten Wiederkäuer: Zunächst wird die pflanzliche Nahrung ganz normal gefressen und geschluckt. Der daraus entstehende vorverdaute Nahrungsbrei wird in Ruhephasen wieder hochgewürgt, erneut durchgekaut und wieder verschluckt. Ein mehrteiliger Magen aus Pansen, Netz- und Blättermagen ermöglicht es ihnen, auch ansonsten unverdauliche Pflanzenbestandteile wie Zellulose zu verdauen.

Männlicher Rothirsch →

Rothirsch

Cervus elaphus

Kotspur Losung aus kurz zylindrischen oder fast kugelförmigen, an einem Ende zugespitzten, am anderen Ende abgerundeten oder leicht vertieften Kotbohnen, 20–25 mm lang, 13–18 mm dick. Frisch schwärzlich glänzend, später bräunlich matt. Winterlosung einzelne, feste Bohnen, Sommerlosung miteinander verklebte Bohnen oder breiig.
Vorkommen In Wäldern und auf Wiesen.
Verwechslung Losung vom Damwild ist kleiner, die vom Elch größer.
Weitere Spuren vom Rothirsch s. S. 10 und 70.

→ **TYPISCH** **Pflanzliche Nahrung ist arm an verwertbaren Nährstoffen, sodass Tiere große Mengen verzehren müssen, um ihren Energiebedarf zu decken. Entsprechend häufig koten sie. Rothirsche setzen im Lauf eines Tages etwa 20–25 Kothaufen ab.**

Männlicher Damhirsch mit schaufelförmigem Geweih →

Damhirsch

Dama dama

Kotspur 10–15 mm lange und 7–12 mm dicke, rundliche Kotbohnen. Bohnen auch im Herbst und Winter manchmal zu wurstförmigen Klumpen verklebt, im Frühjahr und Sommer teilweise breiig. Frische Losung schwärzlich glänzend, ältere gräulich-bräunlich matt.
Vorkommen In Wäldern und auf Wiesen.
Verwechslung Die Losung von Rothirsch und Elch ist größer, die vom Reh kleiner.

→ **TYPISCH Die tag- und nachtaktiven Damhirsche leben in den Sommermonaten gesellig in nach Geschlechtern getrennten Rudeln. Ältere Männchen ziehen mitunter als Einzelgänger durch die Wälder. Im Herbst zur Brunft treffen sie sich und bleiben den Winter über bis ins Frühjahr zusammen.**

Typisch Elchbulle: das mächtige, schaufelförmige Geweih →

Elch

Alces alces

Kotspur Länglich eichelförmige, zuweilen auch kugelförmige Kotbohnen, 2–3 cm lang und 1–1,5 cm dick. Winterlosung (Foto) aus einzelnen, trockenen, relativ hellen Bohnen, an deren Oberfläche meist Reste von Pflanzenfasern erkennbar sind. Sommerlosung dunkler und feucht, sodass einzelne Bohnen zusammenklumpen.
Vorkommen Elche bewohnen Wälder, Moore, Sümpfe in Nord- und Osteuropa.
Verwechslung Losung von Rentier, Rot- und Damhirsch ist kleiner.

TYPISCH Elche sind die größten landlebenden Wildtiere Europas. Das Schaufelgeweih eines europäischen Elchbullen kann bis zu 2 m breit und über 20 kg schwer werden. In den letzten Jahren kommt es zunehmend zur Einwanderung von Elchen nach Deutschland aus Polen oder Tschechien.

Wildschwein-Bache mit ihren Frischlingen →

Wildschwein

Sus scrofa

Kotspur Losung uneinheitlich geformt. Meist besteht sie aus schwarzbraunen, in sich segmentiert erscheinenden Kotbohnen, die wiederum zusammenkleben können und dann in mehreren Zentimeter dicken, wurstförmigen Klumpen ausgeschieden werden. Je nach Nahrung ist sie von fester oder breiiger Konsistenz.
Vorkommen In Wäldern und auf Wiesen und Feldern.
Verwechslung Kotpillen in der Größe ähnlich wie die des Rothirschs, aber meist wurstförmig zusammenklebend.
Weitere Spuren vom Wildschwein s. S. 11 und 74.

→ **TYPISCH Wildschweine haben sich in Mitteleuropa enorm vermehrt. Schneearme Winter, reichlich Nahrungsquellen in Form riesiger Maisäcker sowie das Fehlen natürlicher Feinde nach weitgehender Ausrottung von Wölfen und Bären machen ihnen das Leben leicht.**

Hasen sind reine Vegetarier →

Feldhase

Lepus europaeus

Kotspur Nahezu kugelförmige, leicht zusammengedrückte Kotpillen mit 1,5–2 cm Durchmesser. An der Oberfläche deutlich Reste von Pflanzenteilen zu erkennen. Im Winter fressen Hasen Rinde, Zweige und Knospen, die Losung ist trocken und gelblich braun. Im Sommer bei saftigerer Nahrung dunkelbraune, weiche und feuchte Kotpillen.
Vorkommen Acker- und Wiesenlandschaften, Feldgehölze und kleine Wäldchen.
Verwechslung Kaninchen-Losung (s. S. 99) ist kleiner.
Weitere Spuren vom Feldhasen s. S. 28 und 38.

→ TYPISCH Feldhasen ernähren sich ausschließlich vegetarisch, hauptsächlich von Gräsern und Kräutern, darüber hinaus auch von Feldfrüchten und Getreide, Knospen, Zweigen, Rinde und Nadeln von Nadelgehölzen.

Junges Wild-Kaninchen →

Wild-Kaninchen

Oryctolagus cuniculus

Kotspur Kugelförmige Kotpillen, etwa 8–10 mm Durchmesser, mit Pflanzenfasern durchsetzt. Die Kotabgabe erfolgt häufig in Baunähe oder an den Reviergrenzen an bestimmten Latrinenplätzen, wo sich dann große Mengen ansammeln.

Vorkommen Äcker und Wiesen, Heidegebiete, Dünen, Parkanlagen und Gärten.

Verwechslung Ähnlich Feldhase (s. S. 98), aber kleiner, oft dunkler und mit weniger groben Pflanzenfasern.

Weitere Spuren vom Wild-Kaninchen s. S. 30 und 44.

→ TYPISCH Wild-Kaninchen sind kleiner und gedrungener als die auf den ersten Blick ähnlichen Feldhasen. Die Ohren sind immer aufgerichtet und verhältnismäßig kürzer, sie würden nach vorn geklappt die Schnauzenspitze nicht erreichen.

Heulender Wolf →

Wolf

Canis lupus

Kotspur Die Losung ist gewöhnlich walzen- bis wurstförmig, etwa 20–40 cm lang und ähnelt der von großen Hunden. Wurden viele Knochen gefressen, ist die Losung weißlich grau gefärbt. Oftmals sind Haare, Federn und Knochenreste von Beutetieren enthalten. Häufig wird der Kot zur Reviermarkierung genutzt und auf erhöhten Plätzen (Steinen, Baumstubben, Grasbulten) abgesetzt.
Vorkommen Wälder, Moorgebiete, ehemalige Truppenübungsplätze und Gebirgsregionen.
Verwechslung Große Hunde, Fuchs-Losung ist deutlich kleiner.
Weitere Spuren vom Wolf s. S. 12.

→ TYPISCH Wölfe ernähren sich hauptsächlich vom Fleisch größerer Säugetiere wie z. B. Rehen, Hirschen und Wildschweinen, außerdem von Hasen, Mäusen und Ratten.

Fuchswelpe →

Rotfuchs

Vulpes vulpes

Kotspur Wurstförmige, 6–10 cm lange und 1,5–2 cm dicke Losung. Meist an einem Ende schraubenförmig oder spitz ausgezogen. Je nach Konsistenz zerfällt die Wurst in mehrere Stücke, dann hat nur das letzte Stück eine Spitze. Starker Raubtiergeruch. Oft mit Überresten von Haaren, Knochenstückchen, Federn, Insekten- oder Pflanzenteilen.
Vorkommen Losung häufig erhöht auf Baumstubben, Grasbüscheln oder Steinen, um so das Revier zu markieren.
Verwechslung Marderlosung ist meist dünner und durchgehend spiralig verdreht.
Weitere Spuren vom Rotfuchs s. S. 14 und 40.

→ TYPISCH Im Herbst fressen Füchse gern Beeren: Heidelbeeren führen dann zur Blaufärbung der Losung, Himbeeren zur Rotfärbung.

Waschbär mit einer Muschel →

Waschbär

Procyon lotor

Kotspur Waschbären haben eine stark riechende, wurstförmige, 5–8 cm lange und 1–2 cm dicke Losung. Oftmals mit Überresten von Haaren, Muschel- und Schneckengehäusen, Fischschuppen, Federn, auch Insekten- oder Pflanzenteilen. Mitunter Gemeinschaftslatrinen, in denen sich viel Kot ansammelt.
Vorkommen Wälder, in Gewässernähe, auch im Siedlungsbereich und in Großstädten.
Verwechslung Marderhunde haben ebenfalls eine wurstförmige Losung und legen Latrinen an. Ihr Kot beinhaltet meist mehr pflanzliche Überreste.
Weitere Spuren vom Waschbär s. S. 17.

→ **TYPISCH** **Waschbären sind Allesfresser und fressen Insekten, Krebse, Schnecken, Muscheln, Mäuse, Vogeleier, Getreide, Beeren und Obst. Gelegentlich auch an Mülltonnen oder auf Müllplätzen.**

Typisch: die markante Gesichtszeichnung →

Dachs

Meles meles

Kotspur Dachse setzen Losung in kleine, etwa 10 cm tiefe Gruben, den sogenannten Latrinen ab, die sich in Nähe ihres Baus oder entlang fester Wechsel befinden und in die wiederkehrend gekotet wird. Losung je nach Nahrung trocken und wurstförmig oder breiig, enthält Reste von Haaren, Knochen, Insekten, Körnern und Beeren.
Vorkommen In Wäldern, Feldgehölzen und auf Wiesen.
Verwechslung Auch Marderhunde legen Latrinen an, in denen sich große Mengen Kot ansammeln können. Ihre Losung beinhaltet mehr pflanzliche als tierische Überreste.
Weitere Spuren vom Dachs s. S. 20 und 42.

→ **TYPISCH Dachse sind Allesfresser und ernähren sich von Kleinsäugern, Fröschen, Eidechsen, Insekten, Würmern, Schnecken, Eiern, Pilzen, Beeren, Eicheln, Wurzeln und Aas.**

Steinmarder leben auch in der Nähe des Menschen →

Marder

Mustelidae

Kotspur Meist fest, dünn-wurstförmig, spiralig gedreht und an einem Ende zu einer Spitze ausgezogen. Wird oft auf erhöhter Stelle abgesetzt. Bei Stein- und Baummarder 8–10 cm lang und etwa 1 cm dick. In der Losung meist Haare, Federn, Knochenstückchen und Insektenüberreste zu erkennen.
Vorkommen Je nach Marderart in allen Lebensräumen, auch in Städten.
Verwechslung Die Losung der unterschiedlichen Marder unterscheidet sich insbesondere in der Größe.
Weitere Spuren von Mardern s. S. 24 und 84.

→ TYPISCH Im Herbst fressen Marder ähnlich wie der Fuchs reife Beeren, die zu einer deutlichen Verfärbung der Losung führen. Der Verzehr von Heidelbeeren z. B. färbt die Losung intensiv blau.

Hauptbeute für Fischotter: → Fische

Fischotter

Lutra lutra

Kotspur Losung meist walzen- oder wurstförmig, 10–15 cm lang, im frischen Zustand schwärzlich und schleimig, später gräulich und zerbröckelnd, mit intensivem tranigem Geruch. Beinhaltet Fischschuppen und -gräten sowie Überreste von Krebspanzern und Muschelschalen, wird meist auf erhöhten Plätzen wie Steinen oder Baumstubben am Ufer oder im Bachlauf abgelegt.
Vorkommen An naturnahen Flüssen, Bächen, Seen, Sümpfen.
Verwechslung Minke sind wasserliebend, fressen ebenfalls hauptsächlich Fisch und koten zur Reviermarkierung auf erhöhten Stellen ab. Allerdings ist ihre Losung meist kleiner.
Weitere Spuren vom Fischotter s. S. 22.

→ TYPISCH Fischotter fressen hauptsächlich Fische, außerdem Frösche, Krebse, Muscheln, Wasserinsekten und gelegentlich Wasservögel und Mäuse.

Rötelmaus frisst eine Buchecker

Wühlmäuse

Arvicolinae

Kotspur Kleine, 4–5 mm lange walzenförmige Kotpillen mit meist abgerundeten Enden. Im Sommer bei überwiegend frischer Pflanzenkost oft grünlich, im Winter eher bräunlich. Wühlmäuse legen Latrinen an, d. h., sie suchen einen Platz regelmäßig zum Koten auf.
Vorkommen Je nach Art in allen Lebensräumen.
Verwechslung Unterscheidung der einzelnen Mäusearten kaum möglich. Im Gegensatz zum äußerlich ähnlichem Fledermaus-Kot (s. S. 109) aufgrund der pflanzlichen Bestandteile hart und kompakt.
Weitere Spuren von Wühlmäusen s. S. 50.

TYPISCH Wühlmäuse sind überwiegend Pflanzenfresser und ernähren sich von Gräsern, Kräutern, Samen, Getreide und Früchten, nur gelegentlich fressen sie auch Insekten.

Wanderratten kommen oft in Ställen vor →

Wanderratte

Rattus norvegicus

Kotspur Zylinderförmige Kotpillen 12–17 mm lang und etwa 6 mm dick, ein Ende gewöhnlich zugespitzt, eines abgestumpft. Scharfer, unangenehmer Geruch. Oftmals wird der Kot an bestimmten Latrinenplätzen abgesetzt, sodass hier die Kotpillen in größerer Menge zu finden sind.
Vorkommen In freier Natur in Gewässernähe, ansonsten in Ställen, Schuppen, Getreidespeichern, auf Müllkippen.
Verwechslung Die Losung der selteneren Hausratte ist mit etwa 10 mm Länge und 2–3 mm Dicke kleiner, außerdem kaum in Latrinen.
Weitere Spuren von Ratten s. S. 47.

→ **TYPISCH Als Allesfresser ernähren sich Wanderratten von pflanzlicher und tierischer Kost jeder Art, auch von Aas und Abfällen.**

Igel lieben Reisig- und Laubhaufen im Garten →

Igel

Erinaceus europaeus

Kotspur Walzenförmige, schwarz glänzende, stinkende, etwa 3–4 cm lange und 8–10 mm dicke Losung, meist an einem Ende etwas zugespitzt. Igel ernähren sich zu einem großen Teil von Insekten, deren Chitinüberreste sich an der Oberfläche der Losung erkennen lassen, diese zerfällt dadurch krümelig. Sonstige Bestandteile sind mitunter Haare, Federn, Knochenstückchen und Beeren.
Vorkommen Wälder, Wiesen und Felder, Parkanlagen und Gärten.
Verwechslung Ähnlich kann die Losung kleinerer Marder sein.

→ **TYPISCH** **Igel sind in erster Linie Jäger und erbeuten Insekten, Schnecken und Würmer, außerdem verzehren sie Früchte, Eier sowie Aas, gelegentlich auch Küken, kleine Säuger, Reptilien und Amphibien.**

Zwergfledermaus an Baumhöhle →

Fledermäuse

Microchiroptera

Kotspur Dunkelbraune bis schwärzliche Kotwürstchen, je nach Art 3–10 mm lang. In Form und Farbe ähnlich Mäusekot, aber nicht wie dieser fest, sondern porös und krümelig. Besteht ausschließlich aus zerkleinerten Insektenüberresten. Die Losung der verschiedenen Fledermausarten ähnelt einander sehr.

Vorkommen Oft in großen Mengen unter den Schlafplätzen auf Dachböden, in Felshöhlen oder in Baumhöhlen und Nistkästen.

Verwechslung Mäusekot (s. S. 106) ist äußerlich ähnlich, aber aufgrund der pflanzlichen Bestandteile hart und kompakt.

→ TYPISCH Fledermäuse ernähren sich von verschiedenen Fluginsekten; einen Großteil machen Mücken, Fliegen, kleine Nachtfalter und Motten sowie Eintagsfliegen aus.

Graugänse mögen auch Gras →

Graugans

Anser anser

Kotspur Der als Gestüber bezeichnete Kot ist relativ fest, dunkelgrünlich und walzenförmig, 5–8 cm lang und 10–15 mm dick. Besteht aus Pflanzenüberresten. Oft an einem Ende dunkler, am anderen durch Urinüberzug weißlich – dadurch eindeutig von Säugetier-Losung zu unterscheiden.
Vorkommen Auf Wiesen und im Uferbereich von stehenden Gewässern.
Verwechslung Das Gestüber Pflanzen fressender Enten ist etwa 5 cm lang, das vom Höckerschwan bis zu 15 cm.

TYPISCH **Graugänse ernähren sich wie alle Gänse vegetarisch von Land- und Wasserpflanzen und leben an schilfbewachsenen Teichen und Seen mit angrenzenden Wiesen. Sie sind die Wildform unserer weißen Hausgänse.**

Seeadler beim Koten →

Greifvögel

Accipitriformes

Kotspur Der Kot von Greifvögeln, aber auch der von Eulen, Möwen und Reihern ist dickflüssig und wird mit einem Strahl nach hinten weggespritzt. Er wird als »Geschmeiß« oder als »Kleckse« bezeichnet und enthält keine festen Nahrungsteile.
Vorkommen Je nach Art in allen Lebensräumen an Schlafplätzen, unter dem Nest sowie in der Nähe von Rupfungsplätzen.
Verwechslung Nur anhand der Kotspur auf die verursachende Vogelart zu schließen, ist nicht möglich.

→ TYPISCH Diese Form von Kot enthält kaum nachweisbare Beutereste. Diese finden sich bei den fleischfressenden Vögeln stattdessen in ausgespienen Gewöllen (s. S. 114–121).

Alpen-Schneehuhn im Sommerkleid →

Schneehuhn

Lagopus muta

Kotspur Der Kot von Hühnervögeln – auch als Gestüber bezeichnet – ist zylindrisch, meist trocken und fest und schwach gekrümmt. An einem Ende oft mit weißlichem Urinüberzug. An der Oberfläche lassen sich Pflanzenüberreste erkennen. Die Kotwürste des Schneehuhns sind 1,5–2 cm lang und 5–6 mm dick.
Vorkommen In Wäldern, auf Wiesen und Feldwegen.
Verwechslung Fasanenkot 1,5–2 cm lang, etwa 5 mm Durchmesser, Kotwürste des Birkhuhns 2–4 cm lang und etwa 7 mm dick, die des Auerhuhns 5–8 cm lang und 12 mm dick.

→ **TYPISCH** **Im Herbst fressen Hühnervögel große Mengen an Beeren. Dann verfärbt sich ihr Kot entsprechend und ist beispielsweise nach Heidelbeeren-Verzehr kräftig bläulich.**

Männchen mit erbeuteten Insektenlarven

Amsel

Turdus merula

Kotspur Die Konsistenz von Singvogelkot ist abhängig vom Futter: Bei trockener Nahrung wie Körnern und Insekten werden längliche Würstchen abgegeben, bei weicher Beerennahrung mehr oder weniger flüssige Kleckse. Der Kot ist meist von weißlichem, schleimigem Harn überzogen. Mitunter enthält er unverdauliche Pflanzenteile wie Samen.
Vorkommen In allen Lebensräumen.
Verwechslung Der Kot der verschiedenen Singvogel-Arten ist nicht unterscheidbar.
Weitere Spuren der Amsel s. S. 35, 62 und 82.

TYPISCH Bei überwiegend Insekten fressenden Singvögeln sind die Ausscheidungen relativ fest und bestehen im wesentlichen aus Chitinüberresten.

Waldohreule mit den typischen Federohren →

Waldohreule

Asio otus

Gewölle Die zylindrischen, aschgrauen Gewölle der Waldohreule sind 4–7 cm lang (selten bis zu 10 cm) und etwa 2–3 cm im Durchmesser. Der Inhalt besteht aus unverdaulichen Resten wie Knochen, Fell, Federn und Chitin von Kleinsäugern, Vögeln und Insekten.
Vorkommen Am Boden v. a. unter Nadelbäumen in Feldgehölzen, am Waldrand, auch in Gärten.
Verwechslung In Mooren, Heidegebieten und auf Wiesen finden sich mitunter die sehr ähnlichen Gewölle der Sumpfohreule. Sie sind häufig länglicher und werden oft direkt auf dem Boden ausgewürgt.

→ **TYPISCH** **Im Winter bilden Waldohreulen mitunter kleinere Schlafgemeinschaften auf einem Baum, darunter finden sich dann besonders viele Gewölle.**

Waldkauz ruht am Tag in einer Baumhöhle →

Waldkauz

Strix aluco

Gewölle 2–5 cm lang, etwa 2–2,5 cm im Durchmesser. Oft ist die Oberfläche der Waldkauzgewölle unregelmäßig und weist hervorstehende Knochenstückchen auf. Besteht aus unverdaulichen Resten wie Knochen, Fell, Federn und Chitin von Kleinsäugern, Vögeln und Insekten.
Vorkommen In Wäldern und Parks, meist am Fuß eines älteren Baums mit Baumhöhle, in der die Käuze tagsüber ruhen oder brüten.
Verwechslung Waldohreule (s. S. 114) und andere Eulen.

→ **TYPISCH Waldkäuze erbeuten neben Mäusen auch Kleinvögel, Regenwürmer, Käfer, Fledermäuse oder Fische. So machen ihnen schlechte Mäusejahre nicht so schwer zu schaffen wie anderen Eulenarten.**

Schleiereule im Flug →

Schleiereule

Tyto alba

Gewölle 2–7 cm lang und 2,5–3,5 cm im Durchmesser, fest zusammengepresst. Ein Speichelüberzug bewirkt, dass frische Gewölle schwärzlich glänzen und wie lackiert aussehen sowie eine glatte Oberfläche haben. Äußere Schicht aus Fell- und Federresten, Knochenreste sind von außen meist nicht zu erkennen.
Vorkommen Unter Nest- und Schlafplätzen in Ställen, Ruinen, Kirchtürmen und auf Dachböden.
Verwechslung Der Speichelüberzug ist einzigartig und unterscheidet sie von den Gewöllen aller anderen Eulenarten.

TYPISCH Gewölleuntersuchungen zeigen, dass Schleiereulen auch Spitzmäuse fressen. Dies ist typisch für Schleiereulen, da andere Eulenarten erbeutete Spitzmäuse meist wegen ihres unangenehmen Geschmacks liegen lassen.

Typisch: lange Federohren und orangegelbe Augen

Uhu

Bubo bubo

Gewölle Groß und massig. Durchschnittlich 7 cm lang und 2,5–4 cm im Durchmesser, aber auch bis zu 15 cm lang. Besteht aus Knochen-, Fell- und Federresten von Mäusen, Kaninchen, Igeln und Vögeln.
Vorkommen Als Brutplätze Felswände, Kiesgruben und Wälder. Gewölle unterhalb der Nester oder unter Ruheplätzen.
Verwechslung Aufgrund der Gesamtgröße sowie der Größe der Knochenreste kaum mit anderen Eulengewöllen zu verwechseln. Ähnlich den Gewöllen von Graureiher (s. S. 119) und Storch, diese enthalten aber nur Fell- und Chitinüberreste, keine Knochen.

→ TYPISCH Der Uhu wurde in Mitteleuropa Mitte des 19. Jahrhunderts bis an den Rand der Ausrottung bejagt. Heute ist er durch Schutzmaßnahmen und Wiederansiedlung vielerorts wieder ein regelmäßiger Brutvogel.

Turmfalke am Nistkasten mit erbeuteter Maus →

Turmfalke

Falco tinnunculus

Gewölle Sehr leicht, gräulich, 2–4 cm lang und 1–2 cm dick. An einem Ende sind sie abgerundet, am anderen laufen sie spitz aus. Entsprechend ihrer Hauptnahrung überwiegend aus Mäusefell, außerdem aus kleinen Federn sowie Insektenteilen.
Vorkommen Besiedeln Wiesen, Moor- und Heidegebiete sowie Dörfer und Städte und brüten in verlassenen Krähennestern, in Felsnischen, an nischenreichen Gebäuden sowie in speziellen Nistkästen. Gewölle finden sich insbesondere unterhalb der Nester.
Verwechslung Gewölle vom Mäusebussard sind größer: Sie sind 5–7 cm lang und 3 cm im Durchmesser.

→ **TYPISCH Turmfalken stehen oft rüttelnd in der Luft und spähen nach Mäusen, die sie dann im Sturzflug überwältigen.**

Typisch: Flug mit S-förmig eingekrümmtem Hals →

Graureiher

Ardea cinerea

Gewölle Meist 4–9 cm lang und 3–4 cm breit, aber von sehr unterschiedlicher Form und Größe – vom festen, dicht-filzigen Ballen aus Mäusefellresten (s. Foto) bis zum leicht auseinanderfallenden Rest aus Federn und Haaren.
Vorkommen In großer Zahl unter den Nistbäumen von Brutkolonien, außerdem an Schlafplätzen sowie vereinzelt am Ufer und auf Wiesen.
Verwechslung Gewölle vom Weißstorch bestehen im Wesentlichen aus Fell- und Insektenresten, außerdem beinhalten sie Sand und Erde als Überreste aus dem Darm der häufig gefressenen Regenwürmer.
Weitere Spuren vom Graureiher s. S. 34.

→ TYPISCH Obwohl Fische die Hauptnahrung des Graureihers sind, finden sich im Gewölle weder Gräten noch Schuppen, da diese vollständig verdaut werden.

Mantelmöwe mit einem Taschenkrebs →

Möwen

Larinae

Gewölle Meist kugelförmig oder zylindrisch, 4–7 cm lang und etwa 2 cm im Durchmesser. Je nach Inhalt von unterschiedlicher Konsistenz: Wenn es überwiegend aus Fischgräten, Schnecken- und Muschelschalen oder Krebsüberresten besteht, zerfällt es leicht. Haben die Möwen hingegen überwiegend pflanzliche Nahrung zu sich genommen, ist es fester.
Vorkommen Häufig in Brutkolonien sowie an regelmäßig aufgesuchten Ruheplätzen, auch am Strand.
Verwechslung Ohne Sichtung des Vogels ist es kaum möglich, Gewölle verschiedener Möwenarten voneinander zu unterscheiden.

→ TYPISCH Als weitere Überreste finden sich in Möwengewöllen zur entsprechenden Jahreszeit große Mengen von Kirschkernen oder auch Müll wie Plastikteilchen oder Metallreste.

Eisvogel mit erbeutetem Fisch →

Eisvogel

Alcedo atthis

Gewölle Etwa 1–3 cm lang und 0,5–1,5 cm breit. Sie sind von sehr lockerer Konsistenz, zerfallen schnell in kleine Häufchen und sind dann schwer zu finden. Entsprechend der Hauptnahrung des Eisvogels bestehen sie aus kleinen Fischgräten und -schuppen.
Vorkommen In Gewässernähe unterhalb von Ruheplätzen oder in der Nähe der Brutröhren.
Verwechslung Unverwechselbar.
Weitere Spuren vom Eisvogel s. S. 51.

→ TYPISCH Kaum größer als ein Spatz und mit kräftigem, langem Schnabel zum Fische fangen. Braucht klare Gewässer mit über das Wasser ragenden Ästen, die er als Ansitz zur Fischjagd nutzt, indem er senkrecht ins Wasser taucht.

Register

Bildnachweis

Cecilia di Bernardi (1): 100 groß; **Blickwinkel über Hecker** (2): 12 groß, 13 links; **Wolfgang Buchhorn / Frank Hecker** (9): 28 klein, 37 unten, 41 rechts, 61 klein, 63 klein, 71 klein, 87 klein, 116 klein, 118 klein; **Frank Hecker** (218): 4 beide, 5 beide, 6, 8 beide, 9 beide, 10 beide, 11 groß, 12 klein, 13 rechts, 14 klein, 15 beide, 16 beide, 17 beide, 18 beide, 19 beide, 20 beide, 21 beide, 22 beide, 23 beide, 24 beide, 25 beide, 26 beide, 27 beide, 28 groß, 29 beide, 30 beide, 31 beide, 32 beide, 33 beide, 34 beide, 35 beide, 36, 37 oben und Mitte, 38 beide, 39 beide, 40 beide, 41 links, 42 beide, 43 beide, 44 beide, 45 beide, 46 beide, 47 beide, 48 beide, 49 beide, 50 beide, 51 beide, 52 beide, 53 beide, 54 beide, 55 beide, 56 beide, 57 beide, 58 klein, 59 beide, 60 beide, 61 groß, 62 beide, 63 groß, 64 beide, 65 beide, 66 beide, 67 alle, 68 beide, 69 beide, 70 beide, 71 groß, 72 beide, 73 beide, 74 beide, 75 beide, 76 beide, 77 beide, 78 beide, 79 beide, 80 beide, 81 beide, 82 beide, 83 beide, 84 beide, 85 beide, 86 beide, 87 groß, 88 beide, 89 beide, 90 beide, 91, 92 beide, 93 beide, 94 beide, 95 beide, 96 beide, 97 beide, 98 beide, 99 beide, 100 klein, 101 beide, 102 beide, 103 beide, 104 beide, 105 beide, 106 beide, 107 beide, 108 beide, 109 beide, 110 beide, 111 groß, 112 beide, 113 beide, 114 beide, 115 beide, 116 groß, 117 beide, 118 groß, 119 beide, 120 beide, 121 beide; **Juan Lacruz** (1): 14 groß; **Alexis Martin** (1): 58 groß; **Eckhard Mestel / Frank Hecker** (2): 11 klein, 111 klein.

Illustrationen: **Kay Elzner** (3): S. 7; **Marianne Golte-Bechtle** (10): Umschlagklappe hinten innen; **shutterstock** (2): Umschlagklappe vorne innen links und oben rechts; **Stefanie Wawer** (6): Umschlagklappe vorne innen unten rechts, S. 2/3.

Impressum

Umschlaggestaltung: GRAMISCI Editorial Design (Claudia Geffert), München, unter Verwendung eines Farbfotos von istock.com/ JMrocek. Das Bild zeigt zwei im Schnee galoppierende Rehe.

Das obere Foto auf der Umschlagklappe vorne außen stammt von Frank Hecker, die übrigen Fotos auf der Umschlagklappe vorne außen und innen stammen aus dem Innenteil.

Mit 234 Farbfotos und 21 Illustrationen.

Unser gesamtes lieferbares Programm finden Sie unter **kosmos.de**. Über Neuigkeiten informieren Sie regelmäßig unsere Newsletter, einfach anmelden unter **kosmos.de/newsletter**.

DER NATURFÜHRER No. 1*

* Quelle: Media Control MC Metis, Deutschland, FY 2021, WG 420- Natur und WG 422-Naturführer, Umsatz

FSC www.fsc.org MIX Papier | Fördert gute Waldnutzung FSC® C014889

Gedruckt auf chlorfrei gebleichtem Papier

ISBN 978-3-440-17394-7
Projektleitung: Claudia Salata
Redaktion und Satz: Barbara Kiesewetter, Redaktionsbüro, München
Produktion: Markus Schärtlein
Gestaltungskonzept: GRAMISCI Editorial Design (Claudia Geffert), München
Druck und Bindung: Friedrich Pustet GmbH & Co. KG, Regensburg
Printed in Germany / Imprimé en Allemagne

Die häufigsten Trittsiegel und Fährten

Hier siehst du die Trittsiegel und Fährten der 10 Säugetiere, denen man bei uns am häufigsten in Wald, Feld und Flur begegnet, im Vergleich. Dabei sind die Abdrücke der Vorderfüße farblich hervorgehoben, sodass man sie leichter zuordnen kann. Einige Tiere setzen ihre Hinterfüße beim gemächlichen Gang mehr oder weniger genau auf die Abdrücke, die die Vorderfüße hinterlassen haben – so zum Beispiel Hirsch, Reh, Wildschwein, Fuchs und Katze. Andere, wie zum Beispiel Hase und Eichhörnchen, setzen ihre Hinterfüße vor die Abdrücke der Vorderfüße auf. Man sagt, sie »übereilen«. Dabei entstehen typische Spurgruppen aus den 4 Pfotenabdrücken.

Die wichtigsten Begriffe

Trittsiegel	einzelner Fußabdruck
Spurgruppe	die Anordnung der beiden Vorder- und der beiden Hinterfüße zueinander
Fährte	die Anordnung der Spurgruppen zueinander

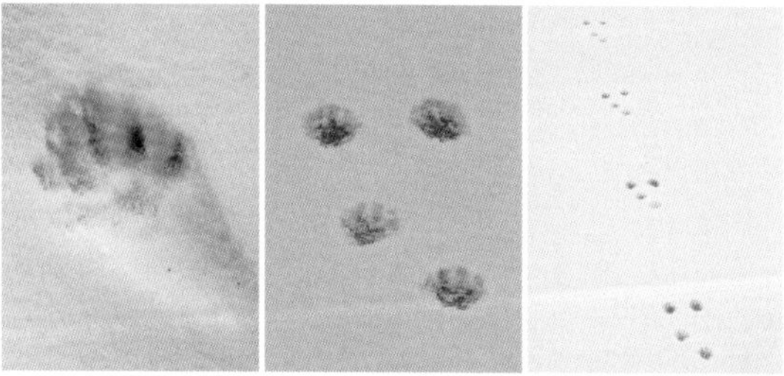

Hier war ein Marder unterwegs: Trittsiegel, Spurgruppe und Fährte